W0175539

Kyong-Tschong RIE

Und dennoch blüht die Jindalle!

Als Wissenschaftler im Spannungsfeld
zwischen Korea und dem Westen

Autobiographie

EDITION PEPERKORN

Druck: Hubert & Co., Göttingen
Printed in Germany

ISBN 978-3-929181-85-2

PROLOG

Heute vor fünfzig Jahren kam ich von Südkorea nach Deutschland – ein junger Student mit einem Koffer voller Hoffnung. Optimistisch und zielstrebig, wie ich war, erreichte ich alles, was ich mir vorgenommen hatte. Und auch das Glück war mir hold: Ich hatte eine verständnisvolle Frau, zwei wohlgeratene Kinder, ein eigenes Haus, und auf dem Gipfel meiner Berufslaufbahn war ich Universitätsprofessor und Institutsleiter. Ich glaubte, es ginge immer so weiter.

Doch aufeinanderfolgende persönliche Katastrophen halbierten meine Familie und warfen mich völlig aus der Bahn, machten mich hilflos und verzweifelt. Trotz aller Bemühungen sah ich keinen Ausweg aus meiner Situation.

Nicht zuletzt aus diesem erzwungenen Blick auf die Vergangenheit entstand dieses Buch, ein Lebensbericht nicht nur der äußeren Ereignisse, sondern zugleich Rechenschaft über meine Empfindungen und meine ganz eigene Sichtweise in den letzten fünfzig Jahren.

An den Anfang will ich jedoch das stellen, was mich entscheidend prägte: meine ersten dreiundzwanzig Lebensjahre in Südkorea, eine Zeit, in der ich zwei Kriege erleben mußte: den Zweiten Weltkrieg und den Korea-Krieg.

Den Hauptteil des Buches wird aber ausmachen, was ich als Fremder im „Goldenen Westen" erlebte. Es hat mich sehr beschäftigt, wie ich wohl in dieser fremden

Umgebung zurechtkäme, und dies nicht nur im Studium und später im Beruf, sondern vor allem auch im privaten Bereich. Würde ich als Fremder in Deutschland eine Familie gründen können und glücklich werden?

1. Es begann in Korea

Kindheit in einem besetzten Land

Nicht weit von unserem Haus im Süden Seouls lag ein
etwa 300 m hoher Berg, auf dessen Gipfel sich direkt
neben einem riesigen japanischen Shinto-Schrein mein
Kindergarten befand. Auf Japanisch hieß dieser *Waka-
Kusa*, „Junges Gras", und er war eigentlich nur für japanische Kinder. Irgendwie hat mein Vater es dennoch
geschafft, daß man mich aufnahm, und mit meinen fünf
Jahren war ich dort der einzige Koreaner. Es gab einen
einfachen Grund dafür, warum mein Vater mich in den
japanischen Kindergarten geschickt hatte: Er glaubte, daß
ich nur dann in die japanische Grundschule kommen
könnte und anschließend auf ein japanisches Elitegymnasium.

An diese Kindergartenzeit habe ich noch viele Erinnerungen. Regelmäßig mußten wir den Shinto-Schrein
besuchen, stillsitzen und nachdenken. Über was wir nachdenken sollten, hat man uns aber nicht gesagt. Damals
hieß es, ich könne nicht nur akzentfrei und fließend Japanisch sprechen, sondern mich auch so benehmen, als
wäre ich ein japanisches Kind.

Drei Häuser entfernt von uns wohnte ein japanischer
Junge, der Tomosada hieß und den gleichen Kindergarten besuchte. Nach meiner Rückkehr von dort spielte ich
oft mit ihm. Ich war sehr begeistert von dem Kindergarten. Dies ging so weit, daß ich, als ich einmal krank war,
unsere Haushälterin bat, mit mir bis in die Nähe des Kin-

dergartens zu laufen, weil ich dann viel beruhigter war. Keiner wäre damals auf den Gedanken gekommen, mich für einen gebürtigen Koreaner zu halten.

Vor unserem Haus verlief ein Bach, der dem Berg im Norden entsprang, wo sich auch mein Kindergarten befand. Gewöhnlich führte er wenig Wasser und war schlammig, aber nach einem Regen strömte darin viel sauberes Wasser, so daß ich dort bunte Glasscherben sammeln konnte.

Nach dem Abschluß des Kindergartens stand die Aufnahmeprüfung für eine japanische Grundschule an. Und wieder war ich der einzige Koreaner, der dort angemeldet worden war. Am Anfang stand eine gründliche Untersuchung meiner Gesundheit, auf die viele spannende Intelligenztests folgten. So wurde uns ein Paar Pantoffel seitenverkehrt vorgelegt. Diese sollten wir anziehen, wobei der Prüfer wissen wollte, ob ein sechsjähriges Kind diese Pantoffeln trotzdem seitenrichtig anziehen konnte.

In meinem ganzen Leben bin ich nur einmal bei einer Prüfung durchgefallen: und das war diese Aufnahmeprüfung der japanischen Grundschule. All die vielen Prüfungen in meinem späteren Leben habe ich bestanden, die Aufnahmeprüfung für das koreanische Elitegymnasium und später für die koreanische Elitehochschule, sogar die Auswahlprüfung zum Auslandsstudium.

Aber ausgerechnet diese erste Prüfung in meinem Leben, bei der bin ich als Sechsjähriger durchgesaust. So mußte ich ebenso wie zuvor meine älteste Schwester und mein ältester Bruder die rein koreanische Grundschule besuchen, und der Traum meines Vaters wurde leider nicht Wirklichkeit. Das Unverständliche dabei war, daß ich mich als Sechsjähriger schämte, die Prüfung nicht geschafft zu haben, auch wenn mein Vater seine Erwartungen mir gegenüber nie geäußert hatte. Doch ich ahnte, wie viele Hoffnungen er in mich setzte, und ich wollte unbedingt Erfolg haben. Heute erscheint es brutal und unverständlich, wenn sich ein Kind in dem Alter unter einen solchen Erwartungsdruck gesetzt fühlt, und den meisten Kindern in meinem Alter wäre es völlig schnuppe gewesen, ob sie bei der Aufnahmeprüfung zur Grundschule Erfolg gehabt hätten oder nicht. Ich aber grübelte, was ich bloß falsch gemacht haben könnte, wo wir Kinder uns doch alle so viel Mühe gegeben hatten. Wegen des Gesundheitstests war ich mit vier anderen Kindern sogar fast einmal jede Woche bei einem uns bekannten Zahnarzt, da man uns eingeschärft hatte, daß nur Kinder mit gesunden Zähnen die Aufnahmeprüfung bestehen würden.

Damals stand Korea schon seit 1910 unter japanischer Besatzung. Meine Lehrerin in der koreanischen Grundschule hatte mich sehr gern, wahrscheinlich weil ich so schön akzentfrei Japanisch sprach. Im Jahr meiner Einschulung 1943 durfte man im öffentlichen Raum nur Japanisch sprechen, egal ob in den Büros, in allen Schulen, Geschäften, sogar an den Bahnschaltern war dies die offizielle Sprache. Koreanisch war nur in der Familie, unter Freunden und Verwandten erlaubt. Und da erschien ein kleiner koreanischer Knirps und sprach schon fließend Japanisch. Anscheinend sah ich auch noch etwas intelligent aus. So war es kein Wunder, daß ich nach sechs Monaten im ersten Schuljahr als Klassenbester mit einer Urkunde ausgezeichnet wurde. Und was machte mein Vater damit? Er hängte sie schön gerahmt an die Wand, so daß jeder, der bei uns eintrat, sei es ein Kunde oder privater Besucher, sie direkt vor Augen hatte.

Zuerst war ich natürlich mächtig stolz auf diese Auszeichnung, dann aber bekam ich ernste Sorgen: „Was mache ich nur, wenn ich in sechs Monaten keine neue

Meine Mutter, meine Schwester und unsere Haushälterin

Auszeichnung bekomme? Du mußt alles tun, damit du wieder der Klassenprimus wirst." So hatte ich schon in diesem zarten Alter eine völlig falsche Vorstellung hinsichtlich des Schulbesuches und des Heranwachsens. Tatsächlich tat ich alles für diese Urkunde – und ich schaffte es dann auch. Zusätzlich dazu erhielt ich eine weitere Urkunde dafür, daß ich ein ganzes Jahr lang kein einziges Mal in der Schule gefehlt hatte. Also hängte mein Vater die beiden neuen Urkunden neben die erste. So ging es weiter: Alle sechs Monate bekam ich eine Urkunde für gute Leistung, alle 12 Monate eine Auszeichnung dafür, daß ich kein einziges Mal gefehlt hatte. Nur im vierten Schuljahr war ich für das erste Halbjahr nicht der beste, sondern nur der zweitbeste Schüler gewesen. Und mein Lehrer sagte ganz ernst, wie enttäuscht er über meine Leistung sei. Ich habe mich so geschämt, daß ich mir schwor, alles zu tun, wieder Klassenprimus zu werden. So hatte mein Vater, als ich nach sechs Jahren die Grundschule abschloß, 11 Halbjahres-Urkunden für den Klassenprimus. Und es gab noch etwas, was auch in Korea selten war. Ich bekam eine Urkunde dafür, daß ich sechs Jahre lang vom Beginn bis zum Abschluß der Schule kein einziges Mal gefehlt hatte. Unter den 300 Absolventen gab es nur zwei Schüler, die diese Auszeichnung bekamen: Ein Mädchen und ich. Heute erscheint es irrsinnig und brutal, einen Jungen soweit zu bringen, daß er zum Beispiel auch mit Bauchschmerzen zur Schule geht, nur um nichts zu verpassen.

Aber außerhalb der Schule war ich ein richtiger Lausbub und machte jeden möglichen Unsinn. Ich sammelte Flaschendeckel, legte diese auf die Straßenbahnschienen und versteckte mich. Wenn die Straßenbahn vorüber war, habe ich die flachgewalzten Deckel wieder eingesammelt und dann den anderen Kindern verkauft oder gegen schöne Sachen eingetauscht.

Besonders frech war ich auf dem Markt. Zunächst muß ich betonen, daß wir damals nicht arm waren. Das vornehme Konfektionsgeschäft meines Vaters ging sehr gut, und ich hatte immer eine Schuluniform aus allerbestem Stoff. Daher machte ich all den Unsinn nicht aus Not, sondern wegen meines Übermutes. In der Markthalle hatte jedes Geschäft seine Waren vor dem Laden schön auf einem Tisch gestapelt, etwa so hoch wie damals mein Kopf. Und was machte ich? Nur zum Spaß klaute ich etwas und lief schnell davon. Wenn der Ladenbesitzer gemerkt hatte, was ich getan hatte, schrie er hinter mir her. Alles ließ ich mitgehen, getrocknete Tintenfische, Datteln, Erdnüsse. Kein einziges Mal bin ich erwischt worden.

Das Allerschlimmste jedoch, was ich in meinem Leben

angestellt hatte und worunter ich fürchterlich gelitten habe, will ich etwas ausführlicher beschreiben. Ich war sieben Jahre alt und im zweiten Schuljahr. Meine große Schwester ging schon auf das Gymnasium und hatte deshalb ein Heft mit 50 Fahrstreifen für die Straßenbahn. Das fand ich ganz toll. „Wenn ich auch so ein Heft hätte, könnte ich ja so oft fahren wie ich wollte." Also kam ich auf die Idee, auch so etwas zu kaufen. Und wo es das gab, wußte ich: Beim Straßenbahndepot. Was ich dafür brauchte, war natürlich Geld. Aber wieviel? Also ging ich erst zum Depot und erkundigte mich nach dem Preis, dann klaute ich zu Hause die notwendige Summe aus dem Portemonnaie meiner Mutter. Schnell lief ich zurück und kaufte das so sehr ersehnte Heft mit den Streifenkarten. Und eigentlich hat niemand gemerkt, daß ich so etwas angestellt hatte, bis ich dann mit meiner Schwester einen Ringkampf anfing. Dabei fiel das neue Heft aus meiner Tasche, und meine Schwester betrachtete mich erstaunt und sagte: „Woher hast du das Heft? Das muß ich gleich Mutti sagen!", worauf sie aus dem Zimmer ging. Ich bekam solche Angst, daß ich mich sofort mit einer Wolldecke ganz zudeckte und versteckt still in die Zimmerecke legte. Ich hörte zwar ihre Unterhaltung, aber sah nichts und traute mich auch nicht zu gucken. Meine Mutter sprach zu meiner Schwester: „Das müssen wir dem Vater erzählen. Tschong muß für seine Missetat vom Vater eine hochverdiente und ganz schmerzhafte Strafe bekommen." Und ich zitterte bei diesen Worten unter der Decke und hatte solche Angst vor der Bestrafung, daß ich mir schwor, nie mehr im Leben etwas zu klauen. Meine Angst war so groß, daß ich nicht wagte, mich überhaupt zu zeigen.

Ich weiß heute noch nicht, ob meine Mutter tatsächlich meinem Vater von meiner Missetat berichtet hatte.

Ich aber war völlig geheilt. Und als viel später meine Kinder etwas ähnlich Schlimmes machten, mußte ich mir leise sagen: „Das haben sie von mir. Ich war auch so."

Es war im Sommer 1943: Ich besuchte die erste Klasse der Grundschule und war ein leidenschaftlicher Sumo-Ringer. Auf dem Markt hatte man mit einem Zeltdach und Sandboden einen schönen Wettkampfplatz errichtet. Bei Einteilung der verschiedenen Altersklassen gehörte ich zu den 7- bis 8-jährigen, und ich genierte mich nicht, bis auf ein Lendentuch aus weißem Leinen nackt über die Straße zu stolzieren. Der Wettkampf begann meist um 17 Uhr und endete gegen 21 Uhr, und an jedem Abend fand die Preisverleihung statt. Ich erinnere mich, daß ich damals jeden Tag mit einem Preis heimkam. Am Samstag waren die Finalkämpfe für die ganze Stadt Seoul, und ich war von unserem Stadtbezirk als Vertreter meiner Altersklasse ausgewählt worden. So sehr hatte ich mich auf den Kampf gefreut und wollte unbedingt Stadtmeister meiner Altersklasse werden. Aber dann hieß es, ich sollte als Mitglied des Kinderchors das japanische Militärkrankenhaus für eine Aufführung besuchen. Das war Pflicht, und schweren Herzens ging ich zum Krankenhaus. Obwohl der Wettkampf schon beendet war, habe ich am folgenden Tag die Wettkampfstätte besucht, weil ich einfach einmal sehen wollte, wo ich angetreten wäre. Ich war sehr traurig.

In meiner Kindheit wurde in den meisten Familien noch selbst Reiswein angesetzt, und ich muß gestehen, daß ich mich sehr gern heimlich aus dem Keramiktopf bediente. Zunächst aber einige Worte zur Herstellung:

Erst wird Weizen grob gebrochen und in Stücke von ungefähr 20 cm × 20 cm × 5 cm gepreßt. Diese bleiben in einem warmen Raum etwa drei Monate aufgehängt, wodurch im Innern ein blauer Schimmelpilz entsteht, der zur Gärung des gekochten Reises dient. Also füllt man in einen Keramiktopf die fein pulverisierten Schimmelpilze aus dem Weizen, den gekochten Reis und Wasser. Danach bedeckt man die Öffnung mit einem Deckel aus Stroh, damit es während der Gärung innen warm bleibt, aber die Gase entweichen können. Nach etwa einer Woche tauchte meine Mutter einen Filter aus gespaltenem Bambus in den Topf, in welchem sich dann eine klare und wohlschmeckende Flüssigkeit sammelte. Und diese war auch noch reichlich alkoholhaltig, was man zunächst gar nicht bemerkte. Wie oft habe ich mit einer Tasse diesen neuen Wein aus dem Keramiktopf geholt und getrunken!

Einmal hatte meine Mutter den Reiswein neu angesetzt, weil etwa vier Wochen später eine Ahnenverehrung stattfinden sollte. Diese wurde immer bei uns abgehalten, denn mein Vater war der älteste Sohn des ältesten Großvaters und nach koreanischer Sitte zur Organisation des Festes nicht nur berechtigt, sondern verpflichtet. An einem solchen Tag kamen dann aus dem ganzen Land die Verwandten zu uns.

Ich will hier kurz erläutern, um was es sich dabei eigentlich handelt, auch wenn jede Familie ihre eigene Art hat, diese auszugestalten. Dennoch läuft sie meist wie folgt ab: Zuerst wird ein Wandschirm aufgestellt. Davor, auf einem großen Tisch mit weißem Tischtuch, werden Schälchen und Schüsseln mit verschiedenen Speisen aufgestellt, unter anderem bunte Reiskuchen und frisches Obst. Als Getränk darf Reiswein nicht fehlen. Dann wird die Eingangs- bzw. Haustür geöffnet und bleibt während der ganzen Zeremonie offen, denn die Geister der Verstorbenen sollen hereinkommen und sich mit den angerichteten Speisen stärken. Dazu werden mit einem Pinsel die Namen der (männlichen) Verstorbenen auf Zettel aus Reispapier geschrieben. Zunächst wird die Generation meines Großvaters dadurch geehrt, daß der Name meines Großvaters väterlicherseits aufgeschrieben wird, dann folgt die Generation meines Vaters in Form eines Zettels mit dem Namen meines Vaters, wenn dieser schon verstorben ist. Meine Generation und die meiner Kinder sind es, die an der Feier teilnehmen, jedoch nur die männlichen Familienmitglieder. Der älteste Bruder, also der älteste Sohn führt die Zeremonie durch. Wenn der Zettel mit dem Namen des Großvaters an den Wandschirm gehängt wurde, wird davor ein Schälchen mit Reis und ein Teller mit Suppe sowie ein Schälchen mit Reiswein gestellt, was dem Geist des Großvaters gut schmecken möge. Auch Räucherstäbchen werden angezündet. Dann stellen sich alle männlichen Mitglieder der anwesenden Verwandtschaft vor dem Tisch auf und verbeugen sich dreimal. Zunächst bei geschlossenem Deckel der Reisschale, um den Geist zu begrüßen, dann noch einmal, wenn der Deckel von der Schale genommen und ein Löffel in den Reis gesteckt wurde, um dem Geist das Essen anzubieten, und schließlich zum dritten Mal, wenn der Deckel wieder auf der Schale liegt, um sich dann von dem Geist zu verabschieden. Dies wiederholt sich für den verstorbenen Vater, mit frischem Reis und neuer Suppe, selbstverständlich auch mit frischem Reiswein. Anschließend genießen dann alle Familienmitglieder, auch die weiblichen, gemeinsam das vorbereitete Festessen. Schließlich wird die Eingangs- oder Haustür wieder verschlossen. Am Nachmittag eines solchen Tages besucht die gesamte Verwandtschaft dann die Grabstätte der Familie. Diese Ahnenverehrung findet in Korea nach dem Mondkalender jeweils am 15. August, am 1. Januar und am Todestag des Vaters statt.

Als bei einer solchen Gelegenheit der Wein wieder gut durchgegoren war, habe ich wohl zu viel davon probiert. Jedenfalls wurde mir schlecht, doch konnte ich es ja niemandem sagen, da sonst alle die Ursache meiner Übelkeit erfahren hätten. So stürzte ich schnell in die obere Etage in mein Zimmer und hüllte mich in die Schlafdecke.

Zwar bin ich nach dieser Erfahrung mit Reiswein sehr vorsichtig geworden, aber immer noch kann ich ihn nicht ganz links liegen lassen.

Es war an einem Sonntag im Sommer des Jahres 1943, also kurz nachdem ich in die Grundschule kam. Mein Vater sagte, daß er mich zum Flughafen mitnehmen wolle, der damals auf einer kleinen Insel im Han-Fluß lag. Heute befindet sich dort fast die Stadtmitte von Seoul. Im gutgehenden und vornehmen Konfektionsgeschäft meines Vaters wurden damals auch die Uniformen für die Bediensteten der zivilen japanischen Fluggesellschaft angefertigt, und so erhielt er die Einladung, im Flugzeug des japanischen Gouverneurs rund um das Diamant-Gebirge mitzufliegen. Dieser Gebirgszug ist für die Koreaner das, was das Matterhorn für die Schweizer bedeutet, nur liegt das Diamant-Gebirge seit dem Waffenstillstand auf nordkoreanischem Gebiet.

Wir starteten am frühen Nachmittag. Ich war 7 Jahre alt und hatte natürlich noch niemals in einem Flugzeug gesessen, wunderte mich aber vor allem, daß alles so sauber war: Besonders der Teppichboden hat mir imponiert. Nach etwa 1½ Stunden Flugzeit schauten alle durch die Fenster und bewunderten das Diamant-Gebirge. Wenn ich mich recht entsinne, wendete da das Flugzeug, und ich übergab mich just in dem Moment auf den Teppichboden, den ich vorher so bewundert hatte. Damit brachte ich meinen Vater ganz schön in Verlegenheit, doch hat er in keiner Weise mit mir geschimpft. Er reinigte nur meine Jacke und meinen Mund und wischte dann den Boden mit Papier und Wasser.

Am nächsten Tag saß ich wie so oft nicht weit von unserem Haus entfernt bei einem Schuster, mit dem ich mich gern unterhielt. Wir waren richtige Freunde. Als ich ihm erzählte, daß ich mit einem Flugzeug bis zum Diamant-Gebirge geflogen war, sagte er: „Du kannst mir vieles erzählen, aber das glaube ich dir nicht." Darüber war ich sehr betrübt.

Mein älterer Bruder, der schon die Mittelschule besuchte, nervte meinen Vater, doch auch für ihn und seinen Schulkameraden einen Flug im Gouverneursflugzeug zu ermöglichen. Und mein Vater schaffte es sogar, für den nächsten Tag nochmals Plätze zu bekommen. Als am darauffolgenden Tag mein Bruder mit seinem Schulfreund wie verabredet am Flughafen eintraf, erklärte man ihnen, daß das Flugzeug des Gouverneurs einen Tag zuvor abgestürzt sei. Was für ein Glück, daß mein Bruder nicht einen Tag früher geflogen ist, sonst wäre er im abgestürzten Flugzeug gewesen. So hatte ich allen Grund, meinen ersten Flug im Alter von sieben Jahren niemals zu vergessen.

Der zweite Weltkrieg für einen Schüler in Korea

Ich war in der ersten Klasse der Grundschule. Diese hatte 6 Jahrgänge, jeder Jahrgang wiederum 5 Parallelklassen mit 60 Schülern, so daß wir insgesamt 1800 Schüler waren. Als Erstkläßler standen wir genau wie die Älteren morgens um 9 Uhr der Reihe nach ausgerichtet für den morgendlichen Appell auf dem Schulhof. Einmal verteilten die Klassenlehrer unerwarteterweise kostenlos schöne Gummibälle, über die wir uns alle sehr gefreut haben, aber nicht wußten, warum wir sie bekamen. Doch dann erklärte uns der Direktor, daß die japanischen Truppen kurz zuvor Südostasien erobert hätten, wo es viele Gummibäume gäbe.

In unserer Nachbarschaft wohnte eine Familie Kim, die wir „Bäcker Kim" nannten. Die älteste Tochter war im gleichen Alter wie meine älteste Schwester, der älteste Sohn wie mein älterer Bruder und der zweite Sohn war gleich alt mit meinem verstorbenen älteren Bruder. Also immer Töchter und Söhne im gleichen Alter. Nur ich bildete eine Ausnahme. Die zweite Tochter vom Bäcker Kim, sie hieß Ok-Kyong, war ebenso alt wie ich, und ich war bereits im Alter von sieben Jahren hoffnungslos in sie verliebt. Ich glaube, alle älteren Geschwister wußten davon, und sowohl ihre wie auch meine machten sich über uns lustig.

Es war Frühsommer 1945 und der Zweite Weltkrieg noch nicht beendet. Über uns flogen die US-Bomber, die gnädigerweise die Stadt Seoul bisher verschont hatten – doch rechnete man jeden Tag mit einem Angriff. Meine Familie und die von Bäcker Kim hatten beschlossen, einen Bauernhof nicht weit von Seoul zu mieten und einige Kinder dorthin zu evakuieren. Man mußte mit dem elektrischen Triebwagen etwa 20 km weit bis Guwangju und dann über die Brücke auf die andere Seite des Han-Flusses. Und wen hatten die Familien für den Aufenthalt auf dem Lande ausgewählt? Mich und meine jüngere Schwester und den zweiten Sohn und die zweite Tochter Ok-Kyong der Kim-Familie. So waren wir eine Zeit lang allein zu viert auf dem Lande, und ich war vollkommen glücklich. Jeden Tag spielten wir draußen und fingen viele ganz kleine Fische, die wir sowieso wieder freiließen. Einmal waren wir in einem Tümpel, um wieder Fische zu fangen, als Ok-Kyong erbärmlich aufschrie und auf ihre Wade zeigte, an der sich ein Blutegel festgesaugt hatte. Ich ging zu ihr und schlug mit der Handkante kräftig auf den Blutegel, so daß dieser von ihr abfiel. Ich war anschließend zwar sehr stolz, habe jedoch nie erfahren, ob meine Tat Eindruck auf sie gemacht hatte.

Kurz vor dem Ende des Krieges hielten meine Eltern den Bauernhof nicht mehr für sicher genug, vor allem ohne anwesende Erwachsene. Daher gingen wir nach Segeumjeong über die Bukak-Berge nördlich von Seoul. Dieser Ort war damals sehr bekannt für sein Obst, besonders Pflaumen und Holzäpfel. Überall floß enorm sauberes Wasser über die vielen kleinen Felsen, weshalb man hier auch die Herstellung von koreanischem Papier nach alter Methode betrieb. Drei Tage vor Ende des Krieges, also am 12. August 1945, flüchtete die ganze Familie nach Segeumjeong. Wenig später wurde am 15. August die Umgebung sehr unruhig, und Demonstranten rasten in Autos vorüber. Wir blieben alle im Haus und trauten uns aus Angst nicht einmal, sie zu fragen, was vor sich ging. Erst spät am Nachmittag hörten wir im Radio, daß Japan kapituliert hätte, und kannten nun auch den Grund für die vielen koreanischen Demonstranten. Da konnten wir dann unseren Aufenthalt in dieser schönen Gegend sehr genießen, und für uns Kinder waren es nun verspätete Ferien geworden. Wir mieteten daraufhin ein ganzes Haus direkt am Wasser und einer Wiese. Für mich waren es endlich schulfreie Tage ohne Kummer, und sie haben mir sehr gefallen.

Ein geteiltes Land

Kurz nach dem zweiten Weltkrieg landeten die amerikanischen Truppen im Süden Koreas und vertrieben die Besatzungsmacht Japan. Zugleich besetzten die Russen den Norden jenseits des 38. Breitengrades. Schon bald hatten wir sehr viele Flüchtlinge aus Nordkorea bei uns, die ich gleich an ihrer ganz anderen Aussprache erkennen konnte.

Meine große Leidenschaft war das Baseball-Spiel, das auch unter japanischer Besatzung an den Gymnasien sehr beliebt war. Jeder Wettkampf wurde von der Bevölkerung leidenschaftlich verfolgt. Mit der Ankunft der Amerikaner wurde Baseball noch populärer, und wenn eine amerikanische gegen eine koreanische Mannschaft spielte, war das Stadion voll besetzt. In solchen Fällen hatte ich keine Chance, eine Eintrittskarte zu bekommen, aber auch sonst fehlte es mir dafür eigentlich immer an Geld. Also habe ich all meine athletischen Fähigkeiten eingesetzt, um das Spiel doch zu sehen, indem ich über die Stadionmauer kletterte. Da man jedoch die zwei Meter hohe Mauer nicht allein überwinden konnte, hatte ich immer einen Freund aus der Grundschule dabei. Er hob mich hoch, bis ich auf der Mauer war, dann zog ich ihn von oben hinauf. Anschließend sprangen wir hinunter und verschwanden rasch zwischen den Zuschauern. Das beherrschten wir so gut, daß wir kein einziges Mal erwischt wurden, man mußte nur geduldig warten, bis der Wächter weit genug entfernt war. Damals hatte ich an Fußball überhaupt kein Interesse und war nie im Fußballstadion, heute verfolge ich nur noch Fußball, und das Baseballspiel kann mir gestohlen bleiben.

Nach dem Zweiten Weltkrieg mußten unsere japanischen Nachbarn mit nur wenigen Habseligkeiten in ihre Heimat zurückkehren und ihre Häuser meist billig verkaufen. Auch ich nahm Abschied von dem japanischen Jungen im Nebenhaus. Mein Vater nutzte die Gelegenheit, noch ein Haus in der Nachbarschaft zu erwerben, so daß wir praktisch drei Häuser nebeneinander besaßen.

Wenn wir bis August 1945 in der Schule nur Japanisch sprechen durften, so lernten wir nach dem Ende der japanischen Besatzung Koreanisch, und hier vor allem den schriftlichen Ausdruck, denn das Sprechen war für uns Kinder ja absolut kein Problem. Ich erfuhr, daß meine Grundschule nicht besonders hochgeschätzt wurde, so daß nach bisheriger Erfahrung immer nur ein einziger Absolvent die Aufnahmeprüfung des Elitegymnasiums „Kyung-Gi" bestehen würde. Also blieb mir nichts anderes übrig, als immer der Klassenprimus zu sein.

Ab und zu schaute ich, was Ok-Kyong machte, meine erste Liebe. Kurz nach dem Abzug der Japaner wechselte sie auf eine andere Schule, und zwar die, deren Aufnahmeprüfung ich nicht geschafft hatte. Ok-Kyong hielt unsere Grundschule für nicht gut genug, und ich habe sie sehr vermißt. Doch als wir beide in den Abschlußklassen der jeweiligen Grundschule waren, kamen unsere Eltern überein, daß Ok-Kyong und ich gemeinsam Nachhilfestunden für die Aufnahmeprüfung des Elitegymnasiums haben sollten.

So mußte ich jeden Abend gegen 19 Uhr zum Nachhilfeunterricht bei der Familie Kim erscheinen, und das war für mich keine Tortur, sondern eine aufregende Angelegenheit: „Sie" saß direkt neben mir. Trotzdem tat ich alles, um zu glänzen, und meistens war ich besser als sie. Am Ende bestanden wir beide die Aufnahmeprüfung für unsere jeweiligen Gymnasien. Anschließend verlor ich sie für etwa zehn Jahre aus den Augen, bis ich sie in unserer Kirche wiedersah zusammen mit einem Mann, den ich flüchtig kannte.

Die Aufnahmeprüfung war im Sommer 1949, und es war ein Novum, daß das Gymnasium nicht wie angekündigt 300, sondern 450 Schüler aufnahm, und zwar erstmals gegen gutes Geld. Alle Eltern wollten, daß ihre Kinder dieses Elitegymnasium besuchten.

Nachdem ich mich vor allem in den letzten zwölf Monaten der Grundschule sehr angestrengt hatte, gab ich mir auf der neuen Schule wenig Mühe zu glänzen. Ich war nur mittelmäßig und habe mich immer geschämt, wenn unsere Verwandten oder Bekannten fragten, wie es mir im neuen Gymnasium ginge. Stets gab ich eine ausweichende Antwort und schwor mir, mich im zweiten Schuljahr wieder ganz nach vorne zu arbeiten. Tatsächlich gelang es mir dann, zu den Besten der Klasse zu gehören, nachdem im zweiten Schuljahr die Klassen neu eingeteilt worden waren.

Doch dann brach drei Monate nach der Versetzung ins zweite Schuljahr der Korea-Krieg aus. Es war der 25. Juni 1950.

Unter nordkoreanischem Regime

Am 25. Juni hörten wir im Radio, daß nordkoreanische Truppen die Demarkationslinie am 38. Breitengrad überschritten hatten und in großer Zahl nach Süden marschierten. Leider haben wir diese Nachrichten nicht ernst genug genommen, so daß ich am 26. Juni sogar noch zur Schule ging. Es schien uns einfach unvorstellbar, daß die Nordkoreaner bis nach Seoul vorrücken könnten. Dann aber wurden die Meldungen im Radio immer dringlicher: Die Nordkoreaner seien bis auf 20 km nördlich von Seoul vorgerückt. Einen Tag vor der Besetzung Seouls durch die Nordkoreaner verließ unser Untermieter mit seiner Familie das Haus. Er gehörte damals zur Militärpolizei und hatte die Situation besser verstanden als mein Vater. Als wir dann am frühen Morgen des 28. Juni die Kanonen hörten, entschlossen wir uns, das Haus zu verlassen und nach Süden zu flüchten, ohne überhaupt etwas mitnehmen zu können. Für meine Eltern war die Flucht mit acht Kindern ein schier unmögliches Unternehmen, auch wenn es von uns bis zum Han-Fluß nur etwa 4 km waren. Wir wollten über den Fluß, danach weiter nach Süden bis zu einem Großonkel, der etwa 40 km entfernt einen recht gutgehenden Bauernhof hatte. Es gab zwar noch einen älteren Großonkel, aber der war viel ärmer. Wir wollten uns mit dem Schiff über den Han-Fluß bringen lassen. Gegen 7 Uhr morgens kamen wir dort an und waren maßlos enttäuscht, denn alle südkoreanischen Truppen waren längst abgezogen, und noch schlimmer: Sie hatten beim Rückzug nach Süden die Brücke über den Fluß zerstört, damit die nordkoreanischen Truppen ihnen nicht so schnell folgen konnten. Und mit den Truppen war auch die gesamte südkoreanische Regierung geflüchtet.

Also waren wir im wahrsten Sinne des Wortes alleingelassen worden. Wir beobachteten, wie die Nordkoreaner von unserer Seite aus die Südkoreaner am anderen Ufer beschossen. Auf jeden Fall war es völlig unmöglich, sich übersetzen zu lassen, kein Fischer wäre bereit gewesen, ein solches Risiko einzugehen.

Am Nordufer des Han-Flusses, wo sich die Nordkoreaner verschanzt hatten, waren etliche Tausend Zivilisten, die wie wir aus der Stadt flüchten wollten. Nach einigen Stunden des Wartens gaben wir unseren Plan auf und kamen gegen 10 Uhr morgens wieder nach Hause. Wir waren vollkommen hilflos. Hätte mein Vater die Meldungen im Radio ernster genommen und wäre rechtzeitig mit der Familie nach Süden geflüchtet wie unser Untermieter, hätten wir uns vielleicht in Sicherheit bringen können. So mußten wir in den sauren Apfel beißen und unter dem nordkoreanischen Regime in Seoul bleiben.

Nach einiger Zeit setzten die Nordkoreaner über den Fluß und verfolgten die südkoreanischen Truppen. Die südkoreanische Regierung mit dem Staatspräsidenten Sung-Man Rhee war längst in Busan mehr als 400 km südlich von Seoul. Umso mehr ärgerten wir uns darüber, daß die südkoreanischen Truppen und die Regierung die Bevölkerung in Seoul nicht rechtzeitig gewarnt hatten. So begann unser Martyrium für die folgenden drei Monate bis zur Rückkehr der südkoreanischen Truppen bzw. der Rückeroberung von Seoul durch UNO- und südkoreanische Truppen am 28. September 1950.

Während der Besatzung durch Nordkorea sind wir dann doch noch zum Großonkel nach Yong-In geflüchtet, weil zum einen die Lebensmittel in Seoul zusehends knapp wurden und zudem mein großer Bruder genau im richtigen Alter war, um von den Nordkoreanern als sogenannter „Freiwilliger" rekrutiert zu werden. Die ganze Angelegenheit war urplötzlich auch deshalb brenzlig geworden, weil ein paar bewaffnete Nordkoreaner mitternachts bei uns auftauchten, um meinen Vater festzunehmen. Der Grund war eigentlich lächerlich: Mein Vater war neben seinem Schneidereigeschäft als zweiter Mann des Stadtbezirks ehrenamtlich in der Verwaltung tätig. Die ganze Familie wartete auf seine Rückkehr, bangend und zitternd, daß ihm nichts Schlimmes passierte. Zum Glück kam mein

Vater gegen sechs Uhr morgens zurück nach Hause und sagte, daß wir sofort das Haus und Seoul verlassen und zum Großonkel Richtung Süden flüchten sollten.

Also liefen wir, meine Eltern mit den acht Kindern, zum Han-Fluß, wo mein Vater glücklicherweise einen Fischer fand, der bereit war, uns auf die andere Seite überzusetzen. Danach marschierten wir alle weiter nach Süden, was für mich oder meinen älteren Bruder kein Problem, für meine Mutter mit dem zweijährigen Bruder oder für meine Schwester jedoch eine richtige Tortur war. Also nahm ich meinen kleinsten Bruder und trug ihn auf dem Rücken.

So kamen wir alle heil bei meinem Großonkel an, dessen Dorf zwar auf dem flachen Land, aber nicht weit von den nächsten größeren Städten entfernt lag. Deshalb hielten es mein Vater und mein großer Bruder schließlich doch für zu riskant, dort länger zu bleiben.

Mein Vater hatte eine Schwester, die in einem einsamen Bergdorf etwa 6 km vom Großonkel entfernt wohnte. Kurz entschlossen zogen die älteren männlichen Mitglieder der Familie dorthin um, wo wir uns viel sicherer und geborgener fühlten. Die Menschen dort waren einfach und gutmütig, und es tat uns gut, daß wir freundlich aufgenommen wurden. Dennoch waren wir immer noch im nordkoreanisch besetzten Gebiet, weshalb man stets mit dem plötzlichen Auftauchen nordkoreanischer Soldaten rechnen mußte. Daher versteckten sich mein Vater und mein großer Bruder tagsüber in den Bergen und kamen erst im Schutz der Dunkelheit zum Haus zurück.

In der zweiten Septemberhälfte zogen die Nordkoreaner in großer Zahl durch den dichten Wald nicht weit von unserem Dorf, sie waren auf dem Rückzug. Es hieß, UNO-Truppen aus 16 Ländern und die südkoreanische Armee hätten eine Gegenoffensive gestartet und die

Nordkoreaner aus dem Süden Koreas vertrieben. Dann bekamen wir die langersehnte Nachricht, daß Seoul am 28. September befreit worden sei. Meine Schwester und unsere Haushälterin waren kurz zuvor dorthin gefahren, um sich um unsere Häuser zu kümmern. Eines der drei Häuser hatten wir zuvor selbst bewohnt, das zweite war vermietet gewesen, während das dritte kostenlos Verwandten und Bekannten zur Verfügung stand.

Als wir einige Tage nach den UNO-Truppen nach Seoul zurückkamen und vor unseren Häusern standen, waren wir fürchterlich erschrocken. Sprachlos standen wir vor einem Schutthaufen. Meine große Schwester und die Haushälterin hatten die Kämpfe zwischen den UNO-Truppen und den Nordkoreaner in Seoul noch miterlebt und gesehen, wie die UNO-Truppen bei der Eroberung der Stadt Seoul unsere Häuser in Schutt und Asche legten. Wenn wir auch ganz plötzlich arm und obdachlos geworden waren, waren wir doch sehr froh darüber, daß die Frauen die fürchterliche Bombardierung überlebt hatten.

UNO- und südkoreanische Truppen marschierten jeden Tag weiter nach Norden, und schon zwei Monate nach der Befreiung von Seoul hörten wir, daß sie die nordkoreanische Hauptstadt Pjöngjang erobert hätten. Da wir obdachlos und mäusearm waren, begann ich, auf dem Markt Gemüse und Lauch zu verkaufen. Morgens gegen 5 Uhr ging ich zum Großhändlermarkt einkaufen und begann gleich danach mit dem Verkauf auf unserem Markt. Zum ersten Mal war ich als Verkäufer tätig, und es ging eigentlich alles recht gut, bis ich eines Tages das Mädchen in meine Richtung kommen sah, mit dem zusammen ich Privatunterricht gehabt hatte und in das ich seit sieben Jahren sehr verliebt war. Aus Schamgefühl habe ich mich rasch versteckt.

Als mein großer Bruder mir dann vorschlug, gemeinsam einen Laden für alte und gebrauchte Bücher zu betreiben, schloß ich mich ihm gern an, weil ich doch fürchtete, von den Gymnasialfreunden auf dem Marktplatz wiedererkannt zu werden.

Der Laden ging nicht besonders gut, man kaufte damals eben mehr Lebensmittel als Bücher. Selbst meine Mutter mußte auf der Straße als Verkäuferin arbeiten, was sie früher sicher nicht im Traum für möglich gehalten hätte. Sie betrieb eine Garküche mit für meinen Begriff sehr schmackhaften Speisen, wo gegen Abend dann die Tagelöhner preiswert aßen. Es war Vater zu verdanken, daß wir die Hälfte eines Hauses kostenlos bewohnen durften. Dessen Besitzer hatte vor dem Krieg viel Geld von meinem Vater bekommen für den Plan, gemeinsam eine Goldmine zu betreiben, er hatte jedoch nie auch nur einen Pfennig zurückgezahlt, so daß wir eigentlich zu Recht kostenlos bei ihm wohnten.

Als die UNO-Truppen fast die koreanisch-chinesische Grenze erreicht hatten, griffen die Truppen der Volksrepublik China ein, das wir damals einfach „Rotchina" nannten. Man sagte, Rotchina wäre mit über einer halben Million Soldaten den Nordkoreanern zur Hilfe gekommen und die UNO- und die südkoreanischen Truppen hätten den Rückzug angetreten.

Erneute Flucht

Am 3. Januar 1951 waren wir alle wieder beim Großonkel, wo wir infolge der brenzligen Lage meine Mutter und sechs Kinder zurückließen, da wir für sie dort keine so große Gefahr sahen. Mein damals etwa 20jähriger Bruder war rechtzeitig nach Busan in den Süden geflüchtet, und auch mein Vater machte sich mit mir und meiner großen Schwester, die etwa 22 Jahre alt und Grundschullehrerin war, am 4. Januar auf den Weg nach Süden. Die ganze Nacht hindurch marschierten wir, da wir uns genau zwischen den UNO-Truppen im Süden und den Nordkoreanern im Norden befanden. Wir hörten den dumpfen Ton der Kanonen und Schüsse ganz in unserer Nähe.

Morgens gegen 5 Uhr trafen wir in Pyung-Taeck auf UNO-Soldaten, die ich vor Freude fast umarmt hätte. Unsere Hoffnung auf eine baldige Rückkehr zu unserer Familie erfüllte sich aber nicht, so daß wir uns zwei Wochen später noch weiter in den Süden zu einem Bekannten meines Vaters begeben mußten.

In diesem Ort Hongseong waren keine Spuren von Krieg oder Verwüstung zu bemerken. Bei dem Bekannten handelte es sich um den, der von meinem Vater für die Ausbeutung einer angeblichen Goldmine Unsummen Geldes ergaunert und nie etwas zurückgezahlt hatte. Durch seine Vermittlung kamen wir bei einem Bauern unter, wo wir ohne Radio ganz auf Gerüchte angewiesen waren. Und deshalb machten wir uns einfach irgendwann Ende Februar auf den Weg nach Hause, nachdem wir von Erfolgen der UNO-Truppen gehört hatten. Doch erwies sich dies zu unserer großen Enttäuschung als falsch, so daß wir nach einem strapaziösen Zweitagesmarsch nach Hongseong zurückkehren mußten. In Yong-In hatten sich uns Sohn und Tochter meines Großonkels – also ein Onkel und eine Tante von mir – angeschlossen. Er war ungefähr 18 Jahre alt und ein typischer Bauernsohn, die Tante war mit ihren 30 Jahren schon verwitwet, denn ihr Mann wurde kurz nach der Hochzeit von den Japanern rekrutiert und war im Zweiten Weltkrieg irgendwo im Pazifik verschollen.

Zurück in Hongseong stellte meine Tante für unseren

Lebensunterhalt Reiswein her. Abends kamen der Hausbesitzer, der Bekannte meines Vaters und einige Bauern zu uns, spielten Karten um Geld und tranken. Das Unangenehme dabei war, daß wir nur ein Zimmer hatten und während des Kartenspiels uns alle in einer Ecke des Zimmers zusammendrängen mußten. Das war schlimmer als 100 km Fußmarsch und nur zu ertragen, wenn ich tagsüber mit meinem Onkel auf den Feldern oder im Wald gespielt hatte.

Doch hatten wir nicht einmal genug Geld, uns Essen zu kaufen, so daß ich zusammen mit meiner Tante Wildkräuter sammelte und wir diese als Salat zubereiteten. Hoffnung auf eine Änderung gab es nicht, und rasch vergingen weitere vier Wochen.

Ende März wurde meine Schwester plötzlich schwer krank. Ein zu Hilfe geholter Mann, der sicherlich kein Arzt war, sagte, sie sei an der überall grassierenden Cholera erkrankt. Trotz all unserer Bemühungen starb sie einen Tag später, und bevor ich das ganze überhaupt begreifen konnte, trugen die Nachbarn meine Schwester auf einer rasch gefertigten Bahre zu dem nahegelegenen Berg.

Auch mein Vater konnte seine Tränen nicht unterdrücken, ich als Jüngster habe hemmungslos geweint. Alle Versuche meines Onkels, mich zu trösten, waren vergebens, erstmals in meinem Leben mußte ich mich von jemandem verabschieden, noch nie zuvor war ich mit Tod und Sterben konfrontiert worden. Am Tag nach der Beerdigung ging ich ganz allein zum Grab meiner Schwester und konnte nicht glauben, daß sie, zu der ich in den vergangenen drei Jahren die engste Bindung hatte, da unten bleiben sollte. Unentwegt flossen meine Tränen. Die Grabstelle lag inmitten von koreanischen krummen Pinienbäumen auf einer sanften Anhöhe.

Kaum eine Woche nach dem Tod meiner Schwester

entschlossen wir uns, nach Hause zur Familie zurückzukehren. Dabei wollten wir nicht noch einmal den gleichen Fehler machen und von den UNO-Truppen aufgehalten werden. Also marschierten wir entlang der Westküste nach Norden, und erst etwa in Höhe der Asan-Bucht nach Osten über Suwon bis Yong-In, wo sich unsere Familie aufhielt. Da wir auf keine Truppen stießen, kamen wir zügig voran und waren in nur zwei Tagen in dem Dorf, in dem meine Mutter mit meinen Geschwistern auf uns wartete.

Aber das Wiedersehen mit meiner Familie war eine einzige Katastrophe. Meine Mutter war ganz verzweifelt, als sie vom Tod ihrer Tochter hörte, schlug mit ihrer Faust auf den Boden und war in keiner Weise zu trösten. Und ich schämte mich so, ohne meine Schwester nach Hause zurückgekehrt zu sein, daß ich mich am liebsten in ein Mauseloch verkrochen hätte.

Ich war mit ihr ganz besonders verbunden gewesen. Sie war Lehrerin der „Namdaemoon" Grundschule gewesen und hatte in einer Jugendbibliothek gearbeitet, so daß ich immer viele nette Kinderbücher zu lesen hatte. Mit dem allerersten Gehalt als Lehrerin hatte sie mich und den großen Bruder in einen schönen Eissalon eingeladen, was mir unvergeßlich blieb. Auch hatte sie mit mir für die Aufnahmeprüfung zum Gymnasium gebüffelt – und sie und nicht mein Vater oder mein großer Bruder begleitete mich dorthin und lud mich nach der schriftlichen Prüfung zur Belohnung in ein schönes Restaurant ein, um kalte Nudeln „Naengmyun" zu essen.

So hatte ich eine ganz tiefe Beziehung zu meiner großen Schwester. Und es gibt noch etwas, wovon niemand sonst weiß. Ich besitze nämlich immer noch nach jetzt fast 60 Jahren den Ausweis meiner großen Schwester mit einer winzig kleinen Fotografie. Und während ich dies schreibe, schaut sie mich an, denn ich habe das Bild von ihr vergrößert vor mir auf den Tisch gestellt.

Katastrophen ohne Ende

Doch alles bisher war nur ein Teil der Tragödie. Meine Mutter mußte zu unserem Entsetzen berichten, daß man am Tag unserer Rückkehr aus dem Süden meine jüngste Schwester, die nur ein halbes Jahr alt wurde, begraben hatte. Sie war an Masern erkrankt und hatte ohne Ärzte und Medikamente keine Chance auf Heilung. Meine kleinste und hübscheste Schwester, die ich nur ein paar Monate kennen durfte, hatte ich also auch verloren. Von all den Schicksalsschlägen waren wir wie gelähmt. In drei Monaten hatten wir die jüngste und die älteste Schwester verloren, und Trauer war das Einzige, was wir noch wahrnehmen konnten.

Als wir in tiefer Verzweiflung dasaßen und überlegten, wie es mit uns weitergehen sollte, kamen der Onkel und die Tante, die mit uns nach Süden geflüchtet und zurückgekehrt waren, weinend herein. Sie berichteten, ihr Vater, also unser Großonkel, sei ebenfalls gestorben und vor einigen Tagen begraben worden.

In seinem Tod spiegelt sich die nationale Tragödie, die wir erleben mußten. Der älteste Sohn meines Großonkels, also mein älterer Onkel war zwangsweise als nordkoreanischer Soldat zu den „Freiwilligen Truppen" rekrutiert worden. Da wir nichts mehr von ihm hörten, nahmen wir an, er sei im Krieg gefallen. Während unserer Flucht in den Süden waren die Nordkoreaner etwa bis Suwon gekommen, nicht weit von dem Dorf, wo der Großonkel lebte. Da kam der totgeglaubte Sohn als nordkoreanischer Soldat zurück. Er war leider nicht allein, sonst hätten der Großonkel und die Großtante versucht, ihm zum Bleiben zu bewegen. Er konnte offen reden und sagte, daß er große Sehnsucht nach seiner Frau und seiner Tochter sowie seinen Eltern gehabt hätte. Zwei Jahre vor seiner Zwangsrekrutierung hatte er geheiratet, und seine Tochter hatte er nur ein paar Wochen erleben dürfen. Alle Dorfbewohner, darunter auch meine Mutter, haben jedoch nur gesehen, daß der Sohn meines Großonkels nordkoreanischer Soldat geworden war.

Als die UNO-Truppen mehr als zwei Monate später wieder nach Norden rückten und die Gebiete südlich des Han-Flusses befreiten, schlugen die Dorfbewohner meinen Großonkel so heftig und brutal, daß er ein paar Tage später an seinen Verletzungen starb. Er, zuvor im Dorf ein hochgeachteter, sehr beliebter Mann, war regelrecht gelyncht worden. So verhängnisvoll hatte sich die Sehnsucht seines Sohnes nach Frau und Kind ausgewirkt!

Das alles mußten wir an einem einzigen Nachmittag erfahren, und erst langsam bekamen wir unser Leben wieder in den Griff. Unausgesprochen blieb die Sorge um meinen großen Bruder, der rechtzeitig im Januar 1951 nach Busan geflüchtet war. Wir alle hofften auf seine glückliche Heimkehr.

Etwa eine Woche später stand er dann bitter weinend und völlig aufgelöst vor unserem Haus. Wir freuten uns riesig, waren aber auch voller Sorge. Da erzählte er uns, bereits im Nachbardorf von den tragischen Ereignissen erfahren zu haben. Ich schämte mich sehr, ohne meine Schwester zurückgekommen zu sein und fühlte mich dafür verantwortlich. Der Gedanke, am Tod meiner Schwester mitschuldig zu sein, hat mich eigentlich nie losgelassen. Ich denke immer noch oft an sie, auch wenn ich den Ort ihrer Grabstelle nicht mehr kenne.

Immer im April beginnen die Bauern mit dem Bestellen der Felder, vor allem dem besonders wichtigen Reisanbau. Erst wurden die Setzlinge auf einem kleinen Beet vorgezogen und dann in großen Abständen auf wasserreichere Felder gepflanzt. Im Herbst zur Zeit der Reife leuchten diese in einem wunderbaren Gelbton.

Mein Onkel, der nunmehr ohne seinen Vater wirtschaften mußte, gab meinem Vater einen kleinen Teil des Feldes und sagte: „Ihr könnt anbauen, was ihr wollt. Das Land ist nicht besonders fruchtbar, aber ihr könnt es gut gebrauchen." Wie recht er doch hatte.

Die UNO-Truppen und die südkoreanischen Einheiten waren wegen der massiven Unterstützung Nordkoreas durch Rotchina und die Sowjetunion nicht sehr weit nach Norden vorgedrungen. Es war ihnen noch gerade gelungen, die Hauptstadt Seoul zu befreien, aber weiter schienen sie nicht zu kommen. Daher war es schon richtig, längerfristig zu planen. So begannen wir ohne jede Kenntnis mit dem Ackerbau. Zunächst mußten wir entscheiden, was wir auf dem relativ kleinen Feld anbauen wollten. Wir wollten hart arbeiten, doch dafür auch belohnt werden. So entschieden wir uns für den Anbau von Süßkartoffeln, von denen wir nach guter Düngung und Pflege im Sommer eine große Menge ernten konnten. Wir brieten die Süßkartoffeln entweder scheibchenweise oder garten ganze Stücke im Dampfkochtopf, die wir anschließend auf dem Markt verkauften. Trotz der geringen Mengen kam genügend Geld in die Kasse, denn viele aßen sehr gern Süßkartoffeln, die in diesen schweren Zeiten eine Art Luxus darstellten.

Im Sommer 1951 erfuhren wir, daß eine Flüchtlingsschule für Mittel- und Gymnasialschüler in Suwon gegründet werden sollte. Hier sollten alle Schüler aus Seoul, gleich welche Schule sie zuvor besucht hatten, aufgenommen werden. Mein Vater besorgte für mich ein Fahrrad, denn Suwon war etwa 10 km entfernt, und meine kleine Schwester sollte ich ebenfalls mitnehmen. Bei Kriegsbeginn hatte ich etwa drei Monate die zweite Klasse besucht. In der Flüchtlingsschule wurde ich nach einigen Monaten in die dritte Klasse versetzt, wodurch ich praktisch keinen Zeitverlust hatte. Nach einjährigem Besuch wurde ich 1952 dann ordnungsgemäß Erstkläßler der Kyung-Gi-Highschool, und ich war sehr stolz, den Unterrichtsstoff so aufgeholt zu haben, daß ich ganz regulär in eine normale Klasse gehen konnte.

Schon Anfang 1952 hatte mein Vater angefangen, eine kleine Schneiderei zu betreiben. Es war ihm anfangs sehr schwergefallen, denn früher hatte er viele Lehrlinge und angestellte Schneider gehabt und lediglich das Geschäft geführt. Nun blieb ihm nichts anderes übrig, als mit einer geliehenen Nähmaschine die Schneidertätigkeit wieder aufzunehmen. Natürlich war es für unsere Familie eine sehr schlimme Zeit, die Einkünfte waren sehr bescheiden, und wir hatten auch oft nicht genug zu essen. Doch für mich war es insofern anders, weil ich den Klassenkameraden, die vor dem Krieg oft nur eine zweitklassige Schule in Seoul besucht hatten, Nachhilfeunterricht gab. Statt einer Bezahlung erhielt ich am Abend ein üppiges warmes Essen. Es handelte sich ausnahmslos um Bauernsöhne, die es einfach schwer hatten, den Stoff zu verstehen.

Heimlich über den Han-Fluß

Im Juli 1952 hatte meine Mutter die Idee, heimlich nach Seoul zu gehen, weil sie gehörte hatte, daß man dort viel besser verdienen könnte. Die Alliierten waren in der Nähe des 38. Breitengrades etwa 40 km nördlich von Seoul, und viele hofften in der Stadt bessere Lebensbedingungen zu finden. Erst später erzählte mir meine Mutter von all den Schwierigkeiten, die sie gemeinsam mit meiner Schwester zu bewältigen hatte.

Ein Fischer brachte sie gegen gute Bezahlung bei Dunkelheit über den Han-Fluß. Auch ich wollte gern nach Seoul, aber dieser Weg erschien mir zu riskant. Also ging ich zur nur provisorisch für Busse und Lastwagen reparierten Brücke. Die Schüler aus Seoul hatten wie immer im August Sommerferien gehabt. Alle trugen damals Schuluniformen, unsere Sommeruniform war ein blaues Oberhemd mit kurzen Ärmeln. Die Schüler wurden mit Lastwagen über den Fluß gebracht, und jeder mit einem blauen Hemd wurde ohne großes Nachfragen mitgenommen. Also ging ich wie selbstverständlich mit einem blauen Oberhemd bekleidet zum Schüler-Lastwagen und stieg auf die Ladefläche, ohne mit jemandem zu sprechen. Es war eine elegante Form von Betrug, aber so kam ich sicher und bequem nach Seoul hinein.

Wir wohnten dort immer in Häusern von Verwandten, die noch nicht aus dem Süden zurückgekehrt waren. Mit mehrmaligem Umziehen kamen wir einige Monate über die Runden, bis mein Vater zu uns kam und versuchte, eine neue Existenz aufzubauen. Meine Mutter hatte zwischenzeitlich versucht, den amerikanischen Soldaten schöne koreanische Handarbeiten zu verkaufen, und zu diesem Zweck einen kleinen Laden direkt gegenüber der Kaserne bezogen. Die Kunden bezahlten in Konservendosen mit Corned Beef, die meine Mutter dann mit Gewinn weiterverkaufen konnte, um damit anfangs meinen Schulbesuch zu finanzieren. Am 1. April fing das Gymnasium an, das man nach drei Jahren Mittelschule für weitere drei Jahre besuchte. Die Kyung-Gi-

Gymnasialzeit – voller Hoffnung

Highschool war die beste Schule in Korea, und in jedem Kabinett gab es ein oder zwei Minister, die diese Schule besucht hatten.

Als mein Vater nach Seoul kam, mietete er für die Familie ein Haus, so daß wir nicht mehr in fremden Wohnungen leben mußten. In seiner neueröffneten Schneiderei sah ich ihn kaum, denn jeden Tag ging er zum Büro unseres während des Krieges größtenteils zerstörten Stadtbezirks. Da mein Vater vor dem Korea-Krieg der zweite Mann dieses Büros gewesen war, kannte er viele der früheren Einwohner der zerbombten Häuser. Jeden Tag besuchte er ein oder zwei von ihnen und bot an, die Grundstücke an Interessierte zu vermitteln. Die Provision dafür bildete eine gute Einkommensquelle, denn bei den Hunderten von bombardierten Häusern gab es auch ebenso viele Vorbesitzer. Um nicht mehr zur Miete wohnen zu müssen, ließen wir uns nicht weit von unserem eigenen Grundstück entfernt eine Baracke bauen: zwei Zimmer, Küche, WC und Waschbecken. Dort lebten wir zwei Jahre lang, bis zu meiner Aufnahmeprüfung für die Nationaluniversität von Seoul. Aus Scham verschwieg ich auch meinen besten Freunden gegenüber, wo ich damals wohnte. Da aber mein Vater recht gut verdiente, konnten wir auf unserem alten Grundstück bald ein schönes Haus bauen lassen. Das war 1955 während meines ersten Semesters an der Universität. Doch die Jahre in der Baracke zwischen 1953 und 1955 bedeuteten mir viel. Meine vier Jahre jüngere Schwester war seit ihrem zweiten Lebensjahr krank. Man behauptete damals, daß meine große Schwester das kleine Kind versehentlich fallengelassen hätte, so daß es einen Hirnschaden bekommen hätte. Das erzählte unsere Haushälterin, und sie liebte meine kleine, kranke Schwester sehr. Ab und zu hatte sie epileptische Anfälle, und meine Eltern sagten, daß man in der Klinik gemeint hätte, das Kind sei unheilbar. Trotz all der besonderen Sorge auch seitens unserer Haushälterin starb sie 1953 als Dreizehnjährige, und wir waren alle sehr traurig.

Eine bildhübsche Lehrerin aus Deutschland

Ich war damals bis in die Haarspitzen motiviert gewesen, in der Schule eine gute Leistung, nein, die beste Leistung zu zeigen. Als ich hörte, daß beim YWCA, dem Christlichen Verein Junger Frauen, ein Englisch-Konversations-Kurs angeboten werden sollte, ging ich sofort mit meinen Freunden dorthin. Der Lehrer war ein amerikanischer Soldat. Nach kurzem Unterricht haben wir viel gesungen, meistens amerikanische Volkslieder. Dann sagte die Gruppenleiterin des YWCA, daß es gleichzeitig ein Angebot für Deutsch gäbe, und natürlich nahm ich auch noch an diesem Unterricht teil. Eine sehr junge und bildhübsche Frau versuchte, uns Banausen etwas Deutsch beizubringen. Erst ein Jahr zuvor hatten wir in der Schule mit dem Deutschunterricht begonnen, und so war ich noch ein blutiger Anfänger. Trotzdem versuchte ich nach Kräften, dem Unterricht zu folgen und war damit mehr oder weniger der einzige, der so viel Leidenschaft und Eifer zeigte. Die Lehrerin hieß Nielsen, stammte aus Gütersloh und war damals in Korea als Ehefrau eines dänischen UNO-Beamten. Als sie einmal krank war und der Unterricht ausfiel, besuchte ich sie mit einem großen Strauß Lilien, worüber sie sich sehr freute. Auch ihren Mann lernte ich bei dieser Gelegenheit kennen. Leider kehrte Frau Nielsen kurz darauf nach Dänemark zurück, doch war die Begegnung mit ihr für mich der entscheidende Anlaß, Deutsch zu lernen. Ihr Gesicht habe ich immer noch vor Augen.

Ein Jahr später fand 1954 in Seoul ein Redewettbewerb für Fremdsprachen statt, und sogleich bewarb ich mich für Deutsch. Jeden Tag ging ich zur Bibliothek und las auf Deutsch, was ich bekommen konnte. Vor allem die offensichtliche Vaterlandsliebe und Demonstrationen für ein vereintes Deutschland beeindruckten mich sehr. Dies entsprach genau der damaligen Stimmung in Korea, und keine Rede eines koreanischen Politikers kam ohne mehrfache Erwähnung der „Vaterlandsliebe" aus. Also verfaßte ich einen Redeentwurf über dieses Thema und suchte Herrn Nielsen oft auf, damit er meinen Entwurf korrigierte. Doch beschränkte er sich auf Grammatik und sprachlichen Ausdruck und sagte nichts über den Inhalt. Bei meinem Vortrag war auch der deutsche Botschafter als Gutachter und Schiedsrichter anwesend. Ich war mir schon ganz sicher, gewonnen zu haben: Meine Aussprache war gut, die Formulierungen korrekt und das

Thema aktuell. Doch dann verkündete man, ich sei nur Zweiter geworden. Ich war maßlos enttäuscht und fragte einen koreanischen Professor, der den Botschafter näher kannte, nach dem Grund. Und er antwortete:

„Herr Rie, der Herr Botschafter sagte, daß in Deutschland nach dem Zweiten Weltkrieg keiner mehr das Wort ‚Vaterlandsliebe‘ in den Mund nimmt. Dieses Wort ist verpönt. Doch hat der Botschafter Ihre Formulierungskunst und gute Aussprache anerkennend bemerkt.“

Das also war mein Fehler gewesen, über ein Thema zu reden, welches zwar die Koreaner sehr beschäftigte, aber Deutschen gegenüber nicht besonders gut ankam. Dennoch war ich an meiner Schule nun für meine Deutschkenntnisse allgemein anerkannt.

Etliche meiner Gymnasialfreunde wollten nach dem Abitur zum Studium nach Deutschland. Also schrieb ich für sie die Immatrikulationsgesuche auf Deutsch, und ich muß sagen, daß alle zum Studium zugelassen wurden und erfolgreich waren.

Hilfe von der Kirche?

1953 lernte ich im Rahmen meiner Teilnahme an den Deutsch- und Englischkursen des YWCA die Geschäftsführerin Frau Ahn kennen und erzählte ihr von meinen Erlebnissen im Krieg und auch vom Verlust meiner beiden Schwestern. Da schlug sie mir vor, doch am folgenden Sonntag ihre Kirche, *The First Methodist Church* in Seoul zu besuchen. Bis dahin wußte ich nichts über die christliche Kirche und hatte noch nie etwas von den Methodisten gehört. Mir ging es vor allem darum, meine seelische Unruhe und mein schlechtes Gewissen zu überwinden und inneren Frieden zu finden. Daher kam es mir nicht auf die Art der Kirche an, sondern nur darum, ob ich mein Ziel überhaupt auf diesem Weg erreichen konnte. Als ich meinem Klassenkameraden D.-M. Lim von Frau Ahns Vorschlag berichtete, entschloß er sich gleich mitzukommen. So waren wir beide am darauffolgenden Sonntag in der Kirche. Nach dem Gottesdienst stellte Frau Ahn uns den Gemeindemitgliedern vor, und die herzliche Atmosphäre und freundliche Aufnahme berührten uns zunächst einmal sehr angenehm. Für die Kinder, die Jugendlichen und Studenten gab es eine Sonntagsschule, die eine Stunde vor dem Hauptgottesdienst in einer benachbarten Mädchenschule stattfand.

Also gingen wir von nun an jeden Sonntag regelmäßig dorthin, wo wir noch zwei weitere Gymnasialkollegen trafen. Anschließend besuchten wir dann den Hauptgottesdienst. Frau Ahn berichtete, daß es am ersten Sonntag des Jahres immer eine Erwachsenentaufe gäbe, und sie wollte gern, daß ich und D.-M. Lim uns taufen ließen. Doch erschien uns dies nach nur drei Monaten verfrüht, ich wollte lieber noch ein Jahr warten und lernen, was es bedeutet, ein Christ zu sein. So wurden wir dann im Januar 1955 getauft.

Ich war anschließend als Student vier Jahre lang als Kindergottesdiensthelfer tätig, bis ich 1959 Korea verließ und nach Deutschland kam. Während dieser Zeit sang ich sogar im Kirchenchor. Die Betreuung durch den Kirchenältesten J.-B. Kim ist mir in guter Erinnerung, denn er machte uns Studenten mit neueren theologischen Strömungen bekannt, die für mich persönlich auch später noch eine große Bedeutung hatten.

Aufnahmeprüfung und Studium

Im März 1955 machten wir unser Abitur, und mindestens zwei Drittel meines Jahrgangs bewarben sich für die *Seoul National University* (SNU), deren Aufnahmeprüfungen als sehr schwer galten. Jedes Gymnasium schickte die besten Absolventen, meistens nur einen oder zwei dorthin, und die Prüfungstermine waren so gelegt, daß die Durchgefallenen anschließend noch zu den Aufnahmeprüfungen von zweitklassigen Universitäten gehen konnten. Es existierte ein perfektes Aufnahmesystem: Man gab zwei angestrebte Fachrichtungen an, und wenn die Punktezahl für das an erster Stelle gewählte Fach zu gering war, jedoch für das zweite Fach ausreichen würde, hatte der Kandidat somit automatisch die Aufnahmeprüfung für das zweite Fach bestanden. Besonders für meine weitere berufliche Zukunft war das entscheidend, da es die Lehrer waren, die den Klassenbesten eine Fachrichtung für die erste Wahl empfahlen. In meinem Fall war es „Chemie-Technik", ein Fach, das ich als für mich nicht besonders geeignet ansah und für das ich auch keine rosige Zukunft erwartete. Ich weiß nicht, ob es Glück oder Unglück war, daß ich während der schriftlichen Prüfung in Mathematik für etwa zehn Minuten einen richtigen Blackout hatte. Gott sei Dank wurde es dann wieder hell, und ich löste auch die schwierigste Integralrechnung. Doch blieb mir dadurch nicht genug Zeit, andere zum Teil viel leichtere Aufgaben zu bearbeiten. Also bestand ich nur für meinen zweiten Fachwunsch „Metallurgie" und nicht für „Chemie-Technik". Doch dieses Malheur war in der Folge für mich die Rettung. Damals war es nach dem Abschluß des Studiums an der Technischen Fakultät schwer, eine Stelle zu bekommen. Die Absolventen der Chemie-Technik bildeten da keine Ausnahme. Doch mit meinem Studium der Metallurgie hatte ich die Gelegenheit, nach Deutschland zu kommen und hier Karriere zu machen.

Doch ich muß gestehen, daß ich die ersten beiden Semester völlig verpennt habe. Nach dem Bestehen der Aufnahmeprüfung war ich so erleichtert, daß ich nicht mehr viel Zeit für das Studium aufwandte, und so mußte ich erstmals in meinem Leben am Ende des 2. Semesters eine Nachprüfung in Integralrechnung ablegen. Ich schämte mich so, daß ich mir schwor, in Zukunft alles daranzusetzen, der beste Student in den Fachsemestern zu werden, die vom 3. Semester an folgten und der Vermittlung des speziellen Fachwissens galten. Dabei ging ich sehr systematisch vor und bewarb mich beim Dozenten der volumetrischen Analyse als wissenschaftliche Hilfskraft ohne Bezahlung. Ich bereitete die Lösungen vor, die die Studenten des 3. Semesters, meine Kommilitonen analysieren mußten. Für mich war die Analyse ein Kinderspiel, und ich habe mich mit dem Dozenten sehr gut verstanden.

Im 4. Semester machte ich dasselbe im Rahmen der gravimetrischen Analyse und schloß nach intensiver Arbeit das 4. Semester mit entsprechend guten Noten ab.

Zu Beginn des 5. Semester standen Eisenhüttenkunde, Metallhüttenkunde und Metallkunde im Vordergrund des Fachstudiums, und ich suchte den Chef der Metallurgie, Prof. T.-S. Yun auf, um vielleicht auch dort eine Hilfskraftstelle zu bekommen. Vor diesem Schritt hatte ich richtigen Bammel, denn ich war nicht sicher, ob er meinen Lerneifer gutheißen würde. Zu meiner Überraschung und Freude lächelte er übers ganze Gesicht und nahm mich in seine Arbeitsgruppe auf, in der ich zwischen dem 5. und 8. Semester intensiv mitarbeiten konnte. Er war ein sehr verständnisvoller Lehrer, für den ich gern Überstunden machte. Er lud mich sogar zu sich nach Hause ein, in Korea damals für einen Studenten unvorstellbar.

Zum Studium in Deutschland. Traumziel: Aachen!

Ende 1958 stand ich kurz vor dem Ende meines Studiums, als mir Prof. T.-S. Yun zu meiner Überraschung empfahl, mich zur Aufnahmeprüfung für das neu zu gründende koreanische Kernforschungszentrum zu melden. Eigentlich fühlte ich mich dem noch nicht gewachsen, zumal ich wußte, daß sich viele bekannte Wissenschaftler bewerben würden. Ein besonderer Reiz lag vor allem darin, daß der Staat den Auserwählten ein dreijähriges Auslandsstipendium ihrer Wahl gewähren würde. Und da ich während des Studiums mich ebenso wie mein Professor neben dem Eisenhüttenwesen auch für Reaktortechnik interessiert hatte, sah ich eine gewisse Chance, die Prüfung zu bestehen.

Es war die Zeit von Sung-Man Rhee, dem ersten gewählten südkoreanischen Präsidenten nach dem 2. Weltkrieg. Er war fest davon überzeugt, nur die Einführung der Kerntechnik könne einem Land helfen, das weder über Kohle noch Öl verfügte. Doch gab es auch die strenge Regelung, daß man nur im Ausland studieren konnte, wenn man zuvor seinen Militärdienst geleistet hatte. Doch im Zusammenhang mit dem neuen Kernforschungsprogramm galt diese Bedingung plötzlich nicht mehr.

Ich hatte meinen Militärdienst natürlich noch nicht geleistet und war sehr begierig, sowohl auf eine Stelle im Kernforschungszentrum als auch ein Studium im

Ausland. Es war kein Wunder, daß sich auf die 15 ausgeschriebenen Stellen etwa 150 der besten Wissenschaftler bewarben, in meinem Fach sogar ein Dozent meiner Universität.

Umso größer war meine Freude, als ich in der Bekanntmachung des *Office of Atomic Energy* las, daß ich die Aufnahmeprüfung bestanden hatte. Vor mir lag nun eine gesicherte Zukunft beim Kernforschungszentrum und ein dreijähriges vom Staat finanziertes Auslandsstudium ohne vorherigen Militärdienst, und das zwei Monate vor dem Studienabschluß. Alle gratulierten mir von ganzem Herzen.

Damals war ich in der Folge meines kirchlichen Engagements Antialkoholiker, da besonders die protestantischen Kirchen aus den USA in Korea als strenge Hüter der Sitten auftraten. Trotzdem feierte ich mit all meinen Freunden aus Kirche und Gymnasium meinen Erfolg mit reichlich Alkohol in einer Kneipe, ohne dabei ein schlechtes Gewissen zu haben. Ich schwebte einfach im siebten Himmel.

Mit der gemeinsamen Abschlußfeier aller Fakultäten war mein Studium beendet, und ich mußte meine Reise nach Deutschland gründlich vorbereiten. Als erstes nahm ich Kontakt zu anderen Stipendiaten auf, die ebenfalls nach Deutschland wollten. Unter uns fünf war ich einer der jüngsten, während der älteste über 30 war. Ein Physiker, ein Chemiker und ein Maschinenbauer wollten nach München, ein anderer wollte in Bonn Biochemie studieren – und ich wollte nach Aachen. Die Technische Hochschule dort war als Hochburg des Hüttenwesens weltbekannt und gerade dabei, zusätzlich ein materialwissenschaftliches Institut aufzubauen. Daher wollte ich dort unbedingt hin. Da das *Office of Atomic Energy* unsere Promotionsthemen schon gleich festgelegt hatte

Ehemalige Studienkollegen der TU-*Seoul National University*

– in meinem Fall über Strahlenschäden in Metallen –, machte ich mir vage Hoffnungen, damit beim Aachener Institut aufgenommen zu werden. Erst bei meiner Ankunft sechs Monate später konnte ich feststellen, wie sehr meine Hoffnung der Wirklichkeit entsprach. Es war in der Tat ein glücklicher Zufall oder vielmehr eine göttliche Fügung.

Das Hauptproblem von uns Stipendiaten lag darin, uns in nur einem halben Jahr vor unserem Abflug die deutsche Umgangssprache anzueignen. Also suchten wir einen Lehrer für einen Intensivkurs in Konversation, denn auch wenn wir gute Grammatikkenntnisse hatten und Heine und Goethe übersetzten, waren wir hilflos, auch nur einen Brief auf Deutsch abzufassen, selbst wenn diese Sprache im Gymnasium für zwei bis drei Jahre Pflichtfach gewesen war und wir an der Hochschule unsere Kenntnisse noch weiter vertieft hatten.

Besonders arg setzte uns die Unfähigkeit zu, gesprochenes Deutsch zu verstehen. Da waren wir froh, als wir erfuhren, daß ein Pater der katholischen Gemeinde in Seoul, der in Münster studiert hatte, diesen Unterricht anbot. Er war nicht nur der deutschen Sprache mächtig, sondern auch mit den Umgangsformen und Sitten in Deutschland bestens vertraut. Einen besseren Lehrer hätten wir nicht finden können. Vor allem waren wir von seinem ganz akzentfreien Sprechen sehr beeindruckt, zumal damals in Korea die meisten Deutschlehrer noch unter japanischer Besatzung ausgebildet worden waren und entsprechend eine sehr stark japanisch gefärbte Aussprache hatten.

Eine Reise mit Hindernissen

Zügig erhielt ich einen Reisepaß, den ersten in meinem Leben, und ich konnte nicht ahnen, wie sehr dieser Paß mein ganzes Leben verändern würde.

Nachdem man mir ein Visum für Deutschland erteilt hatte und ich von der Regierung alle notwendigen Dokumente einschließlich der Reiseschecks als Stipendium bekommen hatte, packte ich meine Koffer zusammen, erstmals in meinem Leben für längere Zeit. Es blieb nur noch ein Flugticket zu besorgen. Die drei älteren Mitstreiter übernahmen die Aufgabe, die Route zu bestimmen und die Fluggesellschaften auszuwählen, denn wir wollten durch Umsteigen und Zwischenlandungen auf unserem Weg nach Europa möglichst viel erleben. Damals gab es noch keine Non-Stop-Flüge, und die übliche Route ging über Südostasien, Indien, Türkei und schließlich Griechenland nach Westeuropa. Diese wollten wir nehmen und außerdem ein Stück mit dem ersten Düsenflugzeug der Welt fliegen, das die *Air France* einsetzte. Zu meiner Überraschung war das Hin- und Rückflugticket nur für zwei Jahre gültig.

Schon Monate zuvor drehte sich bei mir zu Hause alles nur noch um meine Reise. Für meine Mutter war es selbstverständlich, daß ich ganz neu mit einem Maßanzug aus bestem Stoff ausgestattet werden sollte. Da ich keine Ahnung hatte, was eine solch lange Reise mit sich bringen könnte, zog ich diesen beim Abflug gleich an. Ich brauche wohl nicht zu beschreiben, wie mein Anzug nach viertägiger strapaziöser Reise aussah.

Einen Tag vor meinem Abflug wollte mein Vater mir noch etwas wichtiges mitteilen. Ich saß artig kniend, wie es die alte Sitte verlangte, vor ihm. Er hielt einen Umschlag und ein in Stoff gewickeltes kleines Päckchen in der Hand. Zuerst öffnete er den Umschlag. Er enthielt US-Dollar-Scheine im Wert von 600 Dollar. Er überreichte mir diese große Summe mit den Worten, daß er das Geld auf dem Schwarzmarkt auf dem Namdaemoon Markt besorgt habe. Vor Rührung liefen mir die Tränen herunter, denn ich wußte, daß sich mein Vater das Geld von Bekannten leihen mußte und die Schwarzmarktkurse damals dreimal so hoch waren wie der offizielle Wechselkurs. Es war für mich eine unermeßlich große Summe, zumal 1959 auch ein wissenschaftlicher Mitarbeiter in Deutschland nicht mehr als den Gegenwert von 220 Dollar monatlich verdiente.

Dann nahm mein Vater das kleine, in Stoff eingeschlagene Päckchen, öffnete es nach kurzem Schweigen und überreichte mir ein Kreuz aus purem Gold. Ich war vollkommen sprachlos und überwältigt. Mein Vater war damals noch nicht Christ und schenkte mir das goldene

Kreuz vor allem als Wertgegenstand, den ich im Notfall im Ausland verkaufen könnte. Er wünschte nur, daß ich die drei Jahre in der Fremde gut überstehe. Ich war so gerührt, daß ich mir schwor, nur mit einem Erfolg nach Hause zurückzukommen, um meinen Vater nicht zu enttäuschen.

Wie schrecklich niedergeschlagen war ich aber, als mir dieses goldene Kreuz nur drei Tage später in Hongkong gestohlen wurde und noch nicht einmal den Weg bis nach Deutschland schaffte. Niemals habe ich meinem Vater von diesem Mißgeschick erzählt.

Am 9. September 1959 sollten wir nachmittags um 16 Uhr starten. Zuvor aß ich mit zwei Studentinnen aus der Kirchengemeinde noch üppig in einem Restaurant. Der Grund dafür war allein meine naive Unkenntnis, ob man im Flugzeug überhaupt etwas zu essen bekommen würde. Keiner meiner Bekannten war jemals geflogen und konnte mir da helfen. Auch dachte ich, daß man für das Essen im Flugzeug womöglich bezahlen müßte und beantwortete deshalb später die entsprechende Frage der Stewardeß mit Nein.

Der Seouler Flughafen lag damals noch sehr nah am Zentrum, und die Abfertigungshalle war nicht viel mehr als eine Holzbaracke. Zunächst ging es in einem zweistündigen Flug nach Tokio. Aus Unsicherheit hielt ich mich eng an die anderen Stipendiaten.

In Tokio fuhren wir mit einem Taxi ins Zentrum, besuchten ein typisch japanisches Restaurant und hofften anschließend, etwas vom berühmten Nachtleben dort mitzubekommen. Aber es blieb bei einem Bier im Ginza-Viertel.

Gegen Mitternacht flogen wir weiter nach Hongkong, wo wir gegen 5 Uhr morgens landeten. Dort gab es durch unsere geschickte Routenwahl eine zweitägigen „Zwangsaufenthalt" auf Kosten von *Air France*.

Über Saigon und Rangoon ging es weiter nach Karachi in Pakistan. Überall litten wir erheblich unter Temperaturen von mehr als 30 Grad, und Klimaanlagen waren Mangelware.

Am nächsten Morgen flogen wir dann nach Istanbul, wo wir vom Aufenthaltsraum der Transitpassagiere aus einen Blick auf das Wasser hatten. Ich hatte zwar keine Ahnung, wo sich Istanbul genau befand, doch als man uns sagte, hier träfen sich Asien und Europa, war es mir mit einem Mal besonders wichtig, hier zwischengelandet zu sein.

Von Istanbul aus ging es mit dem ersten Düsenflugzeug, der Caravelle weiter über Athen nach Paris. Ich machte mir große Sorgen hinsichtlich der Sicherheit, doch mußte ich gestehen, daß der Flug wesentlich angenehmer war als mit den Propellermaschinen. Leider hatten wir keine Gelegenheit für einen längeren Aufenthalt in Griechenland, so daß ich zu meinem Bedauern keine der antiken Stätten besuchen konnte, von denen ich im Geschichtsunterricht so viel gehört hatte.

Nach dem Start am Abend kamen wir erst kurz vor Mitternacht in Paris an, wo es keine Anschlußflüge nach München oder Düsseldorf mehr gab. Leider ließ sich auch unser Plan einer nächtlichen Stadtbesichtigung nicht verwirklichen, da wir das Flughafengelände nicht verlassen durften. So ging es erst um 5 Uhr morgens weiter nach Frankfurt, wo sich die Wege unserer kleinen Reisegruppe trennten. Ich kam mir nach einer viertägigen Reise mit vier Fluggesellschaften und sechs verschiedenen Maschinen allein nun recht hilflos vor und wollte nur so schnell wie möglich mit meinem Koffer durch die Paßkontrolle und den Zoll, um sofort nach Aachen weiterzufahren. Es war Sonntag, und ich hatte vor, schon am Montag die TH Aachen aufzusuchen. Doch diesmal waren mir die Glücksgötter nicht hold: Vergeblich wartete ich im Düsseldorfer Flughafen auf das Erscheinen meines Koffers. In Panik ging ich zum Lufthansa-Schalter, wo man eine genaue Beschreibung des Koffers aufnahm und mich nach meiner Adresse und Telefonnummer fragte. Doch damit konnte ich nicht dienen, war ich doch gerade erst in Deutschland angekommen. Also bat ich, daß man die koreanische Botschaft in Bonn benachrichtigen sollte, wenn mein Koffer gefunden würde. Der Botschafter war ein Admiral im Ruhestand und ehemaliges Mitglied unserer Kirchengemeinde in Seoul. Also blieb mir nichts anderes übrig, als nach Bonn statt nach Aachen weiterzufahren. Zum Glück wollte mein Begleiter Herr Im dort studieren und bot gleich an, mir in meiner mißlichen Situation zu helfen.

In Bonn angekommen machten wir uns sofort auf den Weg zur Botschaft, da jedoch Sonntag war, trafen wir lediglich eine junge Dame an. Auf meine ein wenig großsprecherische Frage nach dem Botschafter schickte sie uns zu einem nahegelegenen Sportplatz, auf dem ein Picknick der Botschaftsangestellten und einiger koreanischer Studenten stattfand. Als wir auf der gegenüberliegenden Straßenseite das Schild einer Pension entdeckten, mieteten wir uns dort zunächst ein und deponierten unser Gepäck, bevor wir uns auf den Weg zum Sportplatz machten.

Trotz fehlender Ortskenntnis fanden wir ihn ohne Probleme, und als ich dem Botschafter und ehemaligen Mitglied meiner Kirchengemeinde einen Gruß des Kirchenältesten ausrichtete, nahm er sich gleich meiner an. Anschließend widmeten wir uns den dort auf einem Tisch angerichteten deutschen Speisen, die mir zum Teil noch ganz unbekannt waren. So erfreuten wir uns an Salami, Schwarzwälder Schinken und Räucherlachs.

An dieser Stelle ist vielleicht die Gelegenheit, meine ersten Eindrücke von Deutschland wiederzugeben. Zum ersten wirkten alle Menschen sehr distanziert und todernst, so daß wir Ausländer mit unseren nur mangelhaften Deutschkenntnissen gar nicht wagten, jemanden anzusprechen, um beispielsweise zu erfahren, wie man vom Düsseldorfer Flughafen nach Bonn kommt. Niemand ging von sich aus auf uns zu, obwohl man uns den hilflosen Ausländer deutlich ansehen konnte, andererseits waren alle nett und hilfsbereit, wenn man sie um etwas bat. Dies erlebte ich an Bahnschaltern ebenso wie am Flughafen. Und dann fiel mir schon am ersten Tag in Deutschland auf, daß alles sehr sauber wirkte, selbst auf der Straße trauten wir uns nicht einmal, auch nur einen kleinen Papierfetzen fallenzulassen. Und wer es gewohnt ist, daß am Sonntag die Innenstadt von Seoul immer voller einkaufender Menschen ist, dem kommen deutsche Städte an Sonntagen völlig verlassen vor.

Zum ersten Mal in Aachen

Am darauffolgenden Dienstag, dem 15. September 1959, beschloß ich, zur TH in Aachen zu fahren. Ich hatte zwar schon aus Korea dort wegen einer Promotionsmöglichkeit angefragt, aber da ich das akademische Prozedere in Deutschland nicht kannte, war es nicht verwunderlich, daß ich keine Antwort bekommen hatte. Ich machte mich aber dennoch auf den Weg, da wir Stipendiaten unser Auslandsstudium spätestens im Wintersemester aufnehmen mußten.

Erstmals war ich ganz allein mit dem Zug unterwegs, und zum Glück es gab eine direkte Verbindung. Das Hauptgebäude der TH in Aachen sah so alt aus, daß ich gleich großen Respekt hatte. In der Verwaltung zeigte ich meine unbeantwortet gebliebenen Briefe an den Herrn Rektor vor. Darin hatte ich meine Situation geschildert und die staatliche Vorgabe, auf dem Gebiet „Strahlenschäden in Metallen" zu promovieren. Natürlich hatte ich auch erwähnt, daß die koreanische Regierung die Finanzierung für drei Jahre übernehmen würde. Die Dame in der Verwaltung schaute sich meine Unterlagen nur flüchtig an und holte dann gleich einem Herrn mittleren Alters mit graumelierten Haaren. Dieser begrüßte mich so freundlich, daß alle meine bisherige Sorgen und Zukunftsängste von mir abfielen. Es war der Kanzler der TH, der mich sogleich weiter zum Institut für Metallkunde und Metallphysik schickte, wo man bereits über mich Bescheid wisse. Vor Freude hätte ich am liebsten einen Luftsprung gemacht.

Auch dort im Institut wurde ich freundlich begrüßt, auch wenn der Leiter Professor Lücke gerade im Urlaub war. Und so traf ich auf Dr. Gonser, den Leiter der Gruppe „Strahlenschäden", die man später die „Bunkertruppe" nannte. Halb auf Englisch, halb auf Deutsch erklärte er mir, daß auch sein Spezialgebiet die Strahlenschäden in Metallen sei und ich sogleich mit meiner Arbeit beginnen könne. Ich konnte mein Glück kaum fassen.

Zwar mußte ich erst noch auf meinen Koffer warten, doch wollten mir die Mitarbeiter des Instituts dann gleich bei der Suche nach einem Zimmer behilflich sein.

Mein Doktorvater Prof. Dr. K. Lücke und mein Betreuer
Dr. U. Gonser

Meine Rückkehr nach Bonn glich einem Triumphzug,
hatte ich doch mehr erreicht, als ich mir erträumt hatte.
Am Abend feierte ich mit Herrn Im und seinem Freund,
zwar mit bescheidenem Essen, aber mit Bier. Und ich
bekam von diesem Freund auch eine Adresse in der Nähe
von Aachen, wo ein Zimmer zu vermieten war.

Jetzt fehlte nur noch mein Koffer. Mein Unruhe war
auch deshalb besonders groß, weil ich dummerweise eine
Menge Bargeld darin deponiert hatte. Nach einer unru-
higen Nacht lief ich am nächsten Morgen gleich wieder
zur Botschaft hinüber, und tatsächlich war kurz zuvor
ein Anruf aus Düsseldorf gekommen, daß mein Koffer
gefunden war.

Mit dem nächsten Zug fuhr ich los, und dann dauerte es nicht mehr lange, bis ich meinen Koffer wieder in
der Hand hatte. Dieser hatte versehentlich einen Umweg
über Afrika gemacht.

Zurück in Bonn freute sich Herr Im mit mir, und am Abend gingen wir zum Abschiedsessen ins Bahnhofsrestaurant. Hier waren wir auch gleich nach unserer Ankunft gelandet, als Ortsunkundige von der Terrasse angelockt. Auch konnten wir hier ohne besondere Kenntnisse einfach auf ein Gericht der Speisekarte zeigen, selbst wenn das Essen dann nicht immer das war, was wir uns vorgestellt hatten. Aber man war dort relativ anonym, und es gab nicht so viele Augen, die uns neugierig anschauten.

2. Als Fremder im Goldenen Westen

Glück in Aachen

Am nächsten Tag war ich dann endgültig mit meinem großen Koffer allein auf dem Weg nach Aachen, und dort in der Nähe, in Laurensberg, hatte ich auch für die nächsten beiden Wochen eine Unterkunft gefunden. Sogleich begann ich, die Wohnungsanzeigen in den Tageszeitungen zu studieren, und ich fand auch rasch ein Zimmer nahe der Hochschule, das zu mieten ich mich sogleich entschloß. Wie sich bald herausstellte, war dies ein Fehler gewesen: Das Zimmer war viel zu klein, bei heruntergeklapptem Bett konnte ich kaum den Schreibtisch erreichen, und fließendes Wasser gab es darin auch nicht.

Dafür hatte ich mit meiner neuen Arbeitsstelle wieder einmal großes Glück. Dr. Gonser begrüßte mich bei meiner Ankunft sehr freundlich und zeigte mir meinen neuen Schreibtisch, der sich in seinem Arbeitszimmer befand. Wäre ich des Deutschen mächtiger gewesen, ich hätte ihm für seine Freundlichkeit noch viel überschwenglicher gedankt.

Unser Mittagessen bestand meist aus Kaffee und Kuchen in einem nahegelegenen Café. War ich anfangs mehr aus Höflichkeit mitgegangen, statt in der Mensa zu essen, gefiel es mir dort später immer besser. Vor allem gab es dort meinen Lieblingskuchen, den Reisfladen, welchen ich auch heute noch gern mag, der aber leider nur in Aachen zu bekommen ist.

Als der Chef des Instituts Prof. Lücke aus dem Urlaub zurückkam, erschien er gleich in unserem Zimmer. Er war damals noch recht jung, etwa 40 Jahre alt. Ich stand sofort auf und verneigte mich höflich. Ohne weiter nach meiner Ausbildung oder meinen Plänen zu fragen, lächelte er nur freundlich und sagte, daß Dr. Gonser für die nächste Zeit mein Betreuer sei. Beide waren offensichtlich miteinander befreundet, denn ich hörte, daß sie sich duzten.

In den folgenden Monaten habe ich die wissenschaftliche Literatur im Schrank unseres Zimmers nicht nur studiert, nein, ich habe fast alle Bücher regelrecht verschlungen. Sie waren für mich umso wertvoller, als ich in Korea nicht einmal gewußt hatte, daß solche Bücher überhaupt existierten. Zwei Monate später gab mir Dr. Gonser eine Kopie seines Manuskripts über Strahlenschäden zu lesen. Es war für mich das erste Mal, eine solche Arbeit auf Deutsch zu lesen. Ich habe sie mehrmals gelesen und mußte über manches gründlich nachdenken, doch am Ende kannte ich die Arbeit fast auswendig und glaubte, sie recht gut verstanden zu haben. Als Dr. Gonser mich zwei Wochen später darauf ansprach, gab ich seine Arbeit über die „Mechanismen der Stoßprozesse von Atomen entlang der Gittergeraden im Uran" in eigenen Worten wieder. Er freute sich darüber und erklärte, daß der experimentelle Nachweis der Mechanismen im Uran Thema meiner Promotionsarbeit sei. Ziel sei eine Erklärung der dimensionalen Änderung des Uranstabes im Reaktor. Man kann sich vorstellen, wie stolz und wie erleichtert ich war, schon so schnell ein Arbeitsthema zu bekommen. Das Gespräch fand in seinem Auto statt unterwegs von Aachen nach Roetgen in der Eifel, da er mich zu sich nach Hause eingeladen hatte.

Und wie nebenbei erwähnte er, daß im Herbst des

folgenden Jahres ein Beschleuniger aus den USA geliefert würde, für den noch ein Bunker unter der Erde gebaut werden müßte. Da wurde mir klar, daß das Institut gerade dabei war, eine Arbeitsgruppe „Strahlenschäden" aufzubauen – mit einer der modernsten Anlagen und mit neuen Mitarbeitern. Und ich war der erste Mitarbeiter dieser Gruppe, was für mich ein riesengroßes Glück bedeutete.

Nicht so erfreulich war meine neue Unterkunft, dessen Vermieterehepaar etwas über 30 und sehr gesprächsarm war. Jeden Abend überkam mich große Einsamkeit, und es gab niemanden, mit dem ich hätte sprechen können oder der mich getröstet hätte. Daher schrieb ich täglich an meine Schwester in Korea, beschränkte mich allerdings auf die erfreulichen Nachrichten. Nie schrieb ich ihr von meiner Einsamkeit und daß ich fast immer wie ein Schloßhund heulend einschlief. Im Institut hatte ich nette Bekannte und Freunde und fühlte mich niemals verlassen, aber abends allein zu Hause war es die Hölle für mich. Daher nahm ich das Angebot von Herrn Im in Bonn sehr gern an, jederzeit zu ihm zu kommen, wenn es mir schlechtginge und jemanden für ein Gespräch brauchte. Besonders am Wochenende setzte ich mich oft in den Zug nach Bonn und fuhr abends wieder zurück nach Aachen. Etwa vier Wochen nach meiner Ankunft in Deutschland lernte ich im Zug eine Dame mittleren Alters kennen, die mich freundlich fragte, ob sie mir behilflich sein könnte. Alles war für mich noch sehr aufregend und ich studierte eifrig die an der Wand befestigte Landkarte der Region. Ich sagte, daß ich den Streckenverlauf und die Haltestellen wissen wollte. Da lachte die Dame und lobte mich für mein gutes Deutsch. Sie lud mich zu sich nach Stolberg, etwa 10 km von Aachen entfernt ein. Diese Familie hatte zwei Kinder im schulpflichtigen Alter, einen Sohn um die 18 und eine etwa 16jährige Tochter. Ich wurde von allen sehr freundlich aufgenommen und konnte durch die Unterhaltungen meine Deutschkenntnisse schnell verbessern. Und ich lernte, welche Schlager die Teenager in Deutschland damals hörten, „Marina" ist mir heute noch im Ohr. Da es aber sehr mühsam war, mit den öffentlichen Verkehrsmitteln Stolberg zu erreichen und ich in der Folgezeit auch sehr von meiner Doktorarbeit in Anspruch genommen wurde, habe ich diese Freundschaft leider nicht weiter pflegen können. Doch denke ich gern an die schöne Zeit zu Beginn meines Aufenthalts in Deutschland bei der Familie Kynast in Stolberg.

Nachdem ich mich in Aachen niedergelassen hatte, fand ich es an der Zeit, ein Bankkonto zu eröffnen. Schließlich hatte ich das Geld von meinem Vater und all die Schecks für mein Stipendium, die uns für neun Monate im voraus ausgehändigt worden waren: 5400 US $ für den Lebensunterhalt und 400 $ für Studiengebühren, dazu noch die 600 $ von meinem Vater, insgesamt also 6400 $.

Als ich der Angestellten am Schalter die vielen Schecks und das Bargeld übergab, bat sie mich kurz darauf zum Filialleiter. Ich war voller Sorge, daß möglicherweise etwas nicht in Ordnung sein könnte. Doch er beruhigte mich und meinte, daß die umgerechnet etwa 27000 DM doch eine erhebliche Summe für ein Girokonto sei und ob ich das Geld nicht besser in Aktien oder Fonds anlegen wollte. Völlig überrascht bat ich ihn um Bedenkzeit für diese Entscheidung.

Als ich einem Bekannten davon erzählte, klärte er mich darüber auf, daß man für diese Summe fast ein Reihenhaus in der Umgebung von Aachen kaufen könnte. Da war es kein Wunder, daß man mir in der Bank zu einer Geldanlage geraten hatte.

Pfarrer Fuhr

Wie erwähnt war ich mehr als vier Jahre in Seoul als Lehrer an der Sonntagsschule tätig gewesen. Und da wir immer an einer Verbesserung des Unterrichts arbeiteten, hatten mich meine Freunde gebeten, ihnen möglichst bald alle verfügbaren Materialien zu diesem Thema aus Deutschland zuzuschicken.

Es war Ende Oktober, ein sonniger Herbsttag, und ich war entsprechend in bester Stimmung. Es war mir schon klar, daß Aachen damals zu über 90 Prozent katholisch war, und ich suchte daher sorgfältig nach einer evangelischen Kirche. Der Stadtplan verriet mir, daß ich von meiner Unterkunft aus nur etwa eine halbe Stunde südwärts laufen mußte, um zur „Dreifaltigkeitskirche" zu gelangen.

Obwohl ich meiner Meinung nach rechtzeitig zum Kindergottesdienst, der ja bei uns immer vor dem normalen Gottesdienst stattfand, dort ankam, war kein einziges Kind zu sehen. Also entschloß ich mich spontan, den normalen Gottesdienst zu besuchen. Doch als ich die Kirche betrat, dachte ich, in einer katholischen Kirche zu sein, so sehr irritierte mich der alte und mit vielen Skulpturen geschmückte Kirchenraum. Dergleichen kannte ich von Korea nicht. Dennoch blieb ich sitzen.

Punkt zehn Uhr erschien ein Pastor. Mir war alles fremd, aber auch wenn ich keine Ahnung vom Ablauf eines Gottesdienstes in Deutschland hatte, bemerkte ich doch, daß sich niemand bekreuzigte oder niederkniete. Also mußte ich in einer evangelischen Kirche sein.

Die Orgelmusik war wirklich ein Gedicht, kannte ich von Korea her doch nur häßliche elektronische Orgeln, die immer sehr unnatürlich klangen.

Als ich nach dem Gottesdienst noch blieb, um mit dem Pastor zu sprechen, strömten plötzlich lauter kleine Kinder herein. Schnell verschwand ich nach hinten und erlebte zum ersten Mal einen deutschen Kindergottesdienst. Nach dem Unterricht, dessen Ablauf für mich sehr aufschlußreich war, fragte ich einen der Kindergottesdienstmitarbeiter, wo ich den Pastor finden könnte. Nach anfänglichem Erstaunen führte er mich direkt in die Sakristei, wo der Pastor gerade seinen Talar ablegte und sich von den Mitarbeitern verabschieden wollte.

Als er mich sah, lächelte er freundlich und reichte mir die Hand mit dem einfachen Wort „Fuhr". Als der junge Mann ihm sagte, daß ich mit ihm sprechen wolle, forderte mich der Pastor ohne weitere Umstände auf, mit ihm nach Hause zu kommen und dort zu Mittag zu essen. Sicher war ich nicht, alles richtig verstanden zu haben, denn er sprach für meine Verhältnisse recht schnell und mit starkem Akzent. Das war mir schon während seiner Predigt so gegangen. Und wie immer, wenn ich völlig perplex bin, konnte ich nur stotternd ein „Danke schön, Danke schön" hervorbringen.

In seinem VW-Käfer fuhren wir los, aber bereits nach hundert Metern hielt er an, weil er noch seine Töchter abholen mußte. Zwei kleine Mädchen liefen uns entgegen, von denen eine „Moni" gerufen wurde. Ich bemerkte gleich, wie natürlich sie sich benahmen, obwohl ich auf sie doch so fremd wirken mußte. Im Haus des Pastors gab es dann bestimmt noch fünf weitere kleine Kinder. Eine junge Frau um die Dreißig kam mir entgegen und begrüßte mich sehr freundlich. Als ich mich nach koreanischer Art für die von mir bereiteten Unannehmlichkeiten entschuldigte, entgegnete sie nur: „Das macht nichts. Wir sind eine große Familie. Ob einer mehr oder weniger da ist, das spielt keine Rolle. Alle kriegen schon etwas zu essen." Diese Worte habe ich nie vergessen, und im ersten Moment dachte ich, in Korea zu sein. So sehr entsprach diese Sichtweise der meiner Mutter. Ich fragte mich, ob alle Deutschen so wären. Die Amerikaner zumindest, die ich in Korea kennengelernt hatte, waren ganz anders gewesen.

Nach dem Essen saßen wir drei Erwachsenen im Wohnzimmer. Pastor Fuhr öffnete eine Flasche Weißwein, hob sein Glas und sprach väterlich lächelnd: „Wir wünschen Ihnen einen schönen Aufenthalt und einen großen Erfolg in Deutschland." Zum ersten Mal trank ich bei dieser Gelegenheit deutschen Weißwein, der große Ähnlichkeit mit dem koreanischen Reiswein hatte, aber etwas süßer und süffiger war. Der Pastor fragte nach der Kirche in Korea, meiner Gemeinde und der Sonntagsschule im speziellen. Ich berichtete alles ausführlich, und auch seine Frau, die mich so „koreanisch" zum Essen begrüßt hatte, hörte aufmerksam zu. Ab und zu erschienen zwei etwa zehnjährige Jungen, die aber immer rasch wieder verschwanden. Vermutlich waren sie auf den fremden Gast neugierig.

Als mich Pastor Fuhr dann fragte, wie ich untergebracht sei, berichtete ich in meiner Überraschung ganz undiplomatisch der Wahrheit entsprechend, daß ich mich in meinem Zimmer sehr einsam und verlassen vorkäme. Und da meine Vermieter nicht mit mir sprächen, könnte ich dort auch nicht mein Deutsch verbessern. Das sei für mich, der ich in einer großen Familie aufwuchs und auch sonst sozial sehr aktiv gewesen sei, recht bedrückend. Was ich allerdings schamhaft verschwieg, war die Tatsache, daß ich abends oft fürchterlich heulte.

Alle hatten mir aufmerksam zugehört, und wie aus heiterem Himmel machte mir Pastor Fuhr den Vorschlag, bei ihnen einzuziehen. Ihr Sohn Michael sei zu den Großeltern nach Detmold gezogen und sein Zimmer stünde leer. Aufmerksam blickte ich Frau Fuhr an, doch auch von ihrer Seite kamen keine Einwände gegen den Vorschlag, der mich offengestanden unendlich glücklich machte. Ich war so gerührt, daß ich mit den Tränen kämpfen mußte.

Ich war zwar besorgt, daß ich nach so kurzer Mietdauer nicht schon gleich wieder kündigen könnte, doch als ich abends mit dem Vermieter sprach, hatte er keine Einwände. Er war sicher, in vier Wochen einen neuen Mieter zu finden, auch schien es auf ihn durchaus Eindruck zu machen, daß ich, wie er sagte, zu einem „Pfarrer" ziehen würde.

Umzug zur Familie Fuhr

Am 1. Dezember 1959 zog ich dann mit meinem Koffer und den vielen neuerworbenen Büchern zur Familie Fuhr. Mein neues Zimmer war zwar recht klein, es gab aber einen Einbauschrank und ein Waschbecken, an dem ich mich morgens rasieren konnte. Hatte das Bett auch eine tiefe Mulde und der Schreibtisch keine Schubladen, war ich doch mehr als glücklich über mein neues Zuhause. Auch lag das Zimmer von den Räumen der Familie getrennt, so daß ich mich fast wie in einem Hotel fühlte. Das außerhalb der Stadt gelegene Haus hatte einen großen Garten und einen Bauernhof als Nachbarn, wo die Kinder abends frische Milch holen konnten.

Familie Fuhr und meine Zeit dort ist mir unvergeßlich geblieben, die Freundlichkeit und Hilfsbereitschaft ist für mich mehr als nur ein Familienersatz. Dem Pfarrer gegenüber, an den ich mich in jeder Situation wenden konnte, fühlte ich mich wie ein Sohn: eine große Nähe, gepaart mit unendlichem Vertrauen und Respekt.

Ein lockerer Umgang mit Frau Fuhr dagegen fiel mir aufgrund meiner strengen Erziehung schwer. Ich wunderte mich, wie eine Frau mit acht Kindern so jung und hübsch aussehen konnte und trotz der lebhaften Kinder stets die Geduld bewahrte und niemals laut wurde. Als Beispiel für unser Verhältnis mag folgende Geschichte dienen.

Da ich klassische Musik sehr liebte, erwarb ich ein Abonnement für die Meisterkonzert-Reihe in Aachen, und zwar für zwei Personen. Eine Karte war für Frau Fuhr, und in den folgenden sechs Jahren nahm ich sie achtmal jährlich zum Konzert mit. In ihrer festlichen Kleidung war sie stets wunderschön, aber nicht ein einziges Mal konnte ich ihr auch nur das kleinste Kompliment machen oder auch nur ihren Arm berühren.

Volle sechs Jahre lebte ich bei der Familie Fuhr, auch noch über meine Promotion hinaus. Viel habe ich in dieser Zeit erlebt.

Mitte Dezember war nicht mehr zu übersehen, daß Frau Fuhr emsig damit beschäftigt war, Weihnachtsgeschenke für die Kinder zu besorgen. Als ich erwähnte, daß auch ich den Kindern gern etwas schenken würde, meinte sie, daß dies bei acht Kindern weder nötig noch möglich sei. Doch würde sich der zehnjährige Dreas eine Nachttischlampe wünschen, um abends im Bett seine Lieblingskrimis lesen zu können. Eine solche könnte ich ja für ihn besorgen. Erleichtert machte ich mich in Aachens Möbelläden auf die Suche, doch keine Lampe entsprach meiner Vorstellung. Erst im letzten Moment fand ich etwas passendes, doch hatte die Lampe einem unverzeihlichen Fehler: einem rosafarbenen Schirm! Bei der Bescherung am Heiligen Abend kam von Dreas dennoch kein Protest. Trotz der unpassenden Farbe bedankte er sich artig bei mir.

Es war mein erstes Weihnachten in Deutschland, und an der Wohnzimmerwand entlang waren an verschiedenen Plätzen die Geschenke aufgebaut, alle schön verpackt und mit Namen versehen.

Da ich nicht zur Familie gehörte, fühlte ich mich fehl am Platze und machte mich auf den Weg in mein Zimmer. Auf der Treppe traf ich die beiden Jungs, Michael und Dreas, die schon ganz aufgeregt zu mir sagten: „Tschong, komm mit. Schnell, die Bescherung fängt gleich an." Ich wurde etwas unsicher. Sollte ich wirklich mit ins Wohnzimmer gehen? Ich folgte den beiden Kindern, fühlte mich aber nicht besonders wohl. Doch kaum hatte ich die Tür erreicht, kam auch schon Frau Fuhr und sagte: „Im Wohnzimmer ist auch Ihre Ecke. Wir fangen gleich mit der Bescherung an." Ich war so gerührt, daß ich mich nur gerade bedanken konnte. Und dann bekam auch ich meine Geschenke: Gebäck, das ich in meinem Leben noch nie gegessen hatte, auch irgendein getrocknetes Obst, das ich weder jemals zuvor gesehen hatte noch dem Namen nach kannte. Und ich bekam zwei Bücher über klassische Musik, die ich ja sehr liebte, auch wenn ich selbst kein Instrument beherrschte. Es war ein Buch über Beethoven und eines mit dem Titel „Himmel voller Geigen". Ich bin stolz, beide Bücher auch heute noch zu besitzen.

Meine neuen Wirkungsstätten

Nach und nach erfuhr ich mehr über das Institut und über den Chef sowie die Zusammenarbeit mit der Kernforschungsanlage Jülich. Das Institut war erst zwei Jahre zuvor gegründet worden, und Prof. Lücke war von der amerikanischen *Brown University*, Rhode Island, gekommen. Promoviert hatte er in Göttingen bei dem bekannten Metallkundler Prof. Masing, und durch seine Tätigkeit in den USA war er weltweit bekannt geworden. Und so erhielt er einen Ruf auf den neugeschaffenen Lehrstuhl in Aachen. Entscheidend für sein Kommen war wohl auch, daß er gleichzeitig gemeinsam mit Kollegen das Institut für Reaktorwerkstoffe der KFA Jülich übernehmen konnte. Diesem Institut standen vier höchst renommierte Professoren der TH Aachen gemeinsam vor: Prof. Leibfried (Theoretische Physik), Prof. Kersten (Elektrotechnik), Prof. Bollenrath (Werkstoffkunde) und schließlich Prof. Lücke (Metallkunde und Metallphysik).

Dr. Gonser war 1957 zusammen mit Prof. Lücke aus den USA gekommen, wo er nach seiner Promotion bei dem bekannten Münsteraner Metallchemiker Prof. Seith an der *University of Illinois* auf dem Gebiet der Strahlenschäden gearbeitet hatte. Die *University of Illinois* war auf diesem Gebiet mit vielen bekannten Forschern weltweit führend. Genaugenommen war er der KFA Jülich zugeordnet, und Prof. Leibfried wurde später auch Betreuer meiner Doktorarbeit, wenn auch Prof. Lücke als Doktorvater fungierte.

Für mich war es ein großes Glück, von Anfang an in beiden Instituten eingebunden gewesen zu sein und hier an meiner Doktorarbeit schreiben zu können.

Allerdings gab ein Problem, das ich unbedingt rasch lösen mußte. Die koreanische Regierung verlangte von den Stipendiaten einen Halbjahresbericht, doch die Lieferung des Ionenbeschleunigers aus den USA nach Aachen war erst für September 1960 vorgesehen. Auch der Bunker war erst im Bau. Was sollte ich also im März 1960 dem *Office of Atomic Energy* in Korea berichten? Ich erläuterte meinem Betreuer Dr. Gonser das Problem, zumal die Weiterfinanzierung meines Aufenthaltes in Deutschland in Gefahr gewesen wäre, hätte ich nicht pünktlich einen ordentlichen Bericht vorgelegt.

Da sagte er: „Testen Sie doch einfach die Strukturanalyse mit Röntgenstrahlen. Die Bestimmung der Orientierung des Einkristalls und die Textur der dünnen Folien benötigen Sie doch ohnehin für den Nachweis der Theorie in Ihrer Doktorarbeit. Sie brauchen der koreanischen Regierung ja nicht zu sagen, daß wir erst in einem Jahr den Beschleuniger bekommen. Betonen Sie, daß Sie mit der Vorbereitung der Experimente für den Nachweis der Theorie begonnen haben. Und für die Strukturanalyse des Metalls haben wir hier in Aachen die beste Ausrüstung und die besten Experten." Ich war von seinem Einfall begeistert und begann gleich mit der Strukturanalyse. Mitte März schickte ich dann pünktlich nach einem halben Jahr in Deutschland einen ordentlichen Bericht an das *Office of Atomic Energy*.

Studentenrevolte in Korea – und die Folgen für mich

Ende April 1960 erhielt ich ganz überraschend einen Brief aus Heidelberg von einem alten Bekannten aus dem Kirchenchor, der dort gerade sein Studium der Germanistik aufgenommen hatte. Sogleich kündigte ich ihm meinen

Besuch an, ohne zu erwähnen, warum ich ihn möglichst bald sprechen wollte.

Vorsichtig fragte ich ihn nach der Studentenrevolte, die kurz zuvor in Korea stattgefunden hatte und als „April-Revolution" bezeichnet wurde. Sehr begeistert schien mein Bekannter davon nicht zu sein und zweifelte, ob Korea nun schneller größere Fortschritte machen könnte. Näheres über den Beginn der Studentenrevolte und ihre voraussichtlichen Folgen erfuhr ich zufällig am nächsten Tag, als ich im Fernsehprogramm einer Bahnhofsgaststätte Werner Höfers „Internationalen Frühschoppen" sah. Hier bildete Korea das zentrale Thema.

Und irgendwie wurde ich dann das erste Opfer dieser Revolution in Deutschland, denn kaum zwei Monate später erhielt ich ein offizielles Schreiben der Regierung bzw. des *Office of Atomic Energy*, worin mir mitgeteilt wurde, daß man sich außerstande sähe, mein Stipendium weiter zu zahlen. Unser Auslandsaufenthalt sei zwar nicht gefährdet, doch sollten wir von nun an auf eigene Kosten weiterstudieren.

Ganz so entsetzt, wie man vielleicht vermuten könnte, war ich über diese Mitteilung nicht, hatte ich mein Stipendiengeld doch für neun Monate im voraus erhalten. Auch glaubte ich, der aktuelle finanzielle Engpaß der neuen Regierung würde wohl kaum länger als ein Jahr andauern. Leider mußte ich dann feststellen, daß ich mich gründlich verrechnet hatte und alles noch viel schlimmer kam als erwartet.

„Bunker" und Beschleuniger

Endlich war der „Bunker", unser unterirdisches Labor fertiggestellt, und zur Einweihung gab es eine kleine, aber stimmungsvolle Feier. Alle waren recht zufrieden mit dem Neubau, für den einige Wochen später dann der Teilchenbeschleuniger aus den USA geliefert wurde.

Für seine Wartung und Bedienung wurde speziell ein Physiker, Herr Sokolowski, eingestellt. Es war eine Zeit des rasanten Aufbaus und der Expansion, immer wieder kamen neue Mitarbeiter, und zu den Vorstellungsgesprächen nahm mich Dr. Gonser stets mit.

Für mich war es nun höchste Zeit, eine eigene Versuchseinrichtung zu bauen und mit dem Beschleuniger zu experimentieren. Doch hatte ich noch keinerlei Erfahrung, wie die Austrittsstelle der Ionen aussah, die ich in bestimmten Dosen für meine Versuche benötigte. Alles mußte so konzipiert werden, daß ein späterer Anschluß an den Beschleuniger problem- und gefahrlos durchgeführt werden konnte. Dabei war mir ein neuer Mitarbeiter, Dr. Bülow aus Göttingen eine große Hilfe. Sogleich begann er mit der bedarfsgerechten Einrichtung meiner Versuchsanordnung und fertigte die erforderlichen Detailzeichnungen an. In Absprache mit dem Werkstattmeister wurde dann alles sorgfältig in die Tat umgesetzt.

Ich habe sehr bedauert, daß Dr. Bülow bald darauf Aachen in Richtung USA verließ. Man muß aber zugeben, daß man damals dort in vielen Bereichen der Wissenschaft führend war und viele junge Wissenschaftler an amerikanische Institute und Universitäten wechseln mußten, um den Anschluß an neue Entwicklungen nicht zu verpassen.

Täglich arbeiteten die Techniker aus den USA daran, die erforderlichen Dosen von Protonen zu erzeugen, und mit großer Mühe erreichten sie auch bald die erforderliche Menge. Doch damit war das Ziel noch nicht erreicht, denn mit diesen Protonen sollten dann die schnellen Neutronen in hinreichenden Dosen für die Versuche über Strahlenschäden erzeugt werden. Würde uns dies mit dem Ionenbeschleuniger gelingen, könnten wir vielleicht auf die kostspieligen und gefährlichen Versuche mit dem Reaktor verzichten. Dieser Plan stand hinter dem Entschluß, in Aachen einen Beschleuniger zu installieren und eine Gruppe für Strahlenschäden aufzubauen. Doch gab es bei der Erzeugung schneller Neutronen eine entscheidende Schwachstelle, welche die Physiker „p(Be)n" bzw. „p-n-reaction" nennen. Ich will versuchen, dieses hier etwas vereinfacht zu erklären.

„p" (Protonen) großer Energie treffen auf „Be" (Berilium), und dabei entstehen „n", die schnellen Neutronen. Das klingt so einfach und genial, daß man sich wundern sollte, wieso wir erst so spät auf die Idee kamen, mit diesen Neutronen zu arbeiten. Doch so einfach war es eben gerade nicht. Trafen die Protonen hoher Energie in großen Dosen auf den Be (Berilium)-Target, verdampfte dieser trotz aller Kühlversuche sofort, und die Erzeugung der schnellen Neutronen für unsere Versuche wurde unmöglich. Eigentlich war dies eine Katastrophe für unsere Gruppe, und wir fragten uns, ob wir doch aufgeben müßten. Schließlich machten wir aus der Not eine Tugend, indem ich zum einen Protonen statt der Neutronen einsetzen konnte. Es gab nämlich Hinweise darauf, daß meine Experimente auch auf diese Weise durchgeführt werden könnten. Zum zweiten erzeugten die Neutronen hoher Energie im Metall so große und fast unüberschaubare Schäden, die man aufgrund der nachfolgenden Messungen allein nicht so ohne weiteres interpretieren konnte. Es war demnach nicht zu sagen, was im Metall eigentlich geschah. Dagegen schien es viel einfacher, wenn man mit den Elektronen bestrahlte, da diese viel leichter als die Neutronen sind und Schäden deutlich geringeren Ausmaßes in den Metallen bewirkten, die man dann viel genauer mit der Messung verfolgen konnte. Und mit unserem Ionenbeschleuniger war es absolut kein Problem, die dafür notwendigen Mengen von Elektronen hoher Energie zu erzeugen.

Zu genau der Zeit arbeitete Dr. Gonser an seiner Habilitationsschrift über Strahlenschäden, worin er seine Theorie beschrieb, die ich experimentell nachweisen sollte. Ich freute mich sehr für ihn und schwor mir, keine einzige seiner Vorlesungen zu versäumen. Doch kam es schließlich ganz anders, und ich habe nicht eine seiner Vorlesungen gehört.

Ende September 1960 verkündete er nämlich für mich völlig überraschend, daß er für ein Jahr in die USA gehen würde, um dort bei *Atomics International* in Kalifornien zu arbeiten. Für mich war diese Nachricht ein Schock, denn ich verlor meinen Betreuer und fürchtete Ärger seitens der koreanischen Regierung. Für Dr. Gonser kam ein amerikanischer Gastwissenschaftler, Dr. Sibly, für ein Jahr nach Aachen. Leider konnte dieser nicht wie erst gehofft Dr. Gonser ersetzen, da er ganz andere Meßverfahren anwandte als ich.

Dennoch half er mir bei vielen Probeläufen der Anlage, der Dichtigkeitsprüfung und den notwendigen Vorversuchen, die wir gewissenhaft durchführten. Als er nach einem Jahr wieder zurückkehrte, kam die Nachricht von Dr. Gonser, daß er ein weiteres Jahr in den USA bleiben wolle. Ich war maßlos enttäuscht, bestand meine Doktorarbeit doch gerade im experimentellen Nachweis seiner Theorie; ich wußte nicht, wie ich ohne ihn weiterarbeiten sollte.

Militärputsch in Korea

Im Mai 1961 gab es in Korea einen Staatsstreich des Militärs. Die neue Regierung schrieb mir noch im Juli, daß ich sobald wie möglich nach Korea zurückzukehren hätte, da sie einerseits nicht mehr in der Lage seien, die Stipendiaten weiter zu finanzieren, und zweitens ich umgehend meinen Militärdienst abzuleisten hätte.

Es war wirklich lächerlich, denn bei meinem Fortgang aus Korea war es ja der damalige Staatspräsident Sung-Man Rhee gewesen, der die Besten des Landes ins Ausland geschickt hatte, ohne auf Ableistung des Militärdienstes zu bestehen. Und schon nach der Studentenrevolte vom April 1960 war mir ja die Finanzierung meines Studiums aufgekündigt worden. Da aber mein Paß noch fast ein halbes Jahr gültig war, beschloß ich die Anweisung vorerst einfach zu ignorieren. Doch die koreanische Regierung sollte mich leider nicht vergessen und mir mein Leben in Deutschland auch weiterhin erschweren.

Bereits im Juni 1960 war den Stipendiaten in Deutschland ja der Geldhahn zugedreht worden, und bis zum Herbst 1961 hatte ich keine Unterstützung aus Korea mehr erhalten. Allmählich wurde es eng für mich. Also sprach ich deswegen mit meinem Doktorvater Prof. Lücke, der gleich vollstes Verständnis zeigte und mir zusagte, daß ich ab Oktober als Wissenschaftliche Hilfskraft beim Kernforschungszentrum Jülich angestellt würde mit meiner Dienststelle an unserem Institut in Aachen. Die Vergütung war zwar nicht berauschend, netto blieben keine 300 DM übrig. Bei einer Miete von 70 DM hatte ich also nur wenig mehr als 200 DM für Lebensunterhalt und Studium. Zum Glück war das Mittagessen in der Mensa sehr günstig, so daß mir sogar noch etwas Geld für die Kultur blieb.

Familienleben

Mein Zusammenleben mit der Familie Fuhr hatte sich immer vertrauensvoller entwickelt, so daß mir der Pfarrer und seine Frau das „Du" anboten. Doch gab es dabei für mich, der ich ja nach koreanischer Sitte aufgewachsen war, ein großes Problem. Es war mir ganz unmöglich, ältere – und seien es Familienmitglieder – mit dem Vornamen anzureden oder zu duzen. Sollte ich etwa Pfarrer Fuhr „Karl" und seine Frau „Hildegard" nennen?

In Korea verwendete man entweder den Ortsnamen je nach Abstammung seines Gegenübers, die Berufsbezeichnung oder den Verwandtschaftsgrad, oder aber man verwendete „Vater", „Mutter", „Onkel" oder „Tante" mit ergänzenden Zusätzen. So konnte es den Seoul-Onkel geben, den USA-Bruder, die Lehrerin-Tante, Michaels Vater oder Monikas Mutter. Die Anrede in Verbindung mit dem Namen der Kinder ist übrigens sehr populär in Korea. Also erläuterte ich meinen „Gasteltern" mein Problem und fragte, ob ich sie nicht wie die Kinder „Vati" und „Mutti" nennen dürfe. Damit waren sie gleich einverstanden, und so nenne ich die beiden seit jetzt mehr als 48 Jahren.

Und als Pfarrer Fuhr im Januar 1961 seinen fünfzigsten Geburtstag feierte und dazu alle seine Aachener Amtskollegen eingeladen hatte, bot ich mich an, für alle Koreanisch zu kochen. Und das, obwohl ich in Korea niemals gekocht und als Junge dort in der Küche auch nichts verloren gehabt hatte.

Natürlich mußte ich ein wenig improvisieren, zumal es

einige Zutaten wie Tofu und Kimchi damals in Deutschland gar nicht gab. Dennoch stellte ich einen ostasiatischen Speiseplan auf mit koreanischem *Bulgogi*, dem eingelegten gebratenen Rindfleisch, mit japanischem *Sukijaki* und chinesischem Schweinefleisch süß-sauer.

Besonders letzteres schien mir nicht besonders gut gelungen zu sein, weshalb ich die Gäste aufmerksam beobachtete. Als ich dann aber speziell für das Schweinefleisch gelobt wurde, fiel mir ein großer Stein vom Herzen, und ich konnte nach dem Essen mit allen zusammen den Wein genießen.

Im August desselben Jahres standen die alljährlichen Sommerferien der Familie auf der Nordseeinsel Baltrum an, und Pfarrer Fuhr hatte so Dringendes zu erledigen, daß die Familie ohne ihn vorausfahren mußte. Als sich dann abzeichnete, daß er es überhaupt nicht schaffen würde zu fahren, bat er mich, der Familie für die restliche Ferienzeit auf Baltrum Gesellschaft zu leisten. Und ich fuhr sehr gern dorthin und genoß mit Frau Fuhr und den vier jüngsten Kindern wunderbare Sommertage. Und wenn ich abends mit Frau Fuhr ein Eis essen ging oder ein Konzert besuchte, hätte ich glatt als ihr Sohn gelten können, auch wenn uns nur ein Altersunterschied von 12 Jahren trennte.

Meine erste Liebe

So schön der Sommerurlaub auf Baltrum war – etwas gab es, das mich erheblich irritierte. Und das waren die Frauen am Strand in ihren knappen und oft durchsichtigen Bikinis, die ohne Scheu ihre Bäuche zeigten. Ich dagegen hatte noch niemals eine Freundin gehabt und noch nie eine nackte Frau gesehen oder gar berührt.

75

Einmal war ich mit Dr. Gonser und dessen Frau zu einem Kongreß in Wien gewesen, und abends besuchten die beiden mit mir einen Nachtclub, in dem auch Striptease-Tänzerinnen auftraten. So peinlich war es mir gewesen, daß ich gar nicht wußte, wo ich hinschauen sollte.

In Aachen hatte ich eine Menge Freunde und Bekannte, vielleicht wirkte ich einfach wegen meines Aussehens exotisch, vielleicht lag es auch daran, daß ich noch so jung war und schon an meiner Doktorarbeit schrieb.

Jedenfalls lernte ich im Sommer 1961 im Sekretariat unseres Instituts ein junges Mädchen namens Maria kennen, die dort als Schreibkraft arbeitete und einen Sekretärinnenkurs besuchte. Oft ging ich in den Pausen auch ohne triftigen Grund dorthin, und ich bemerkte bald, daß auch sie Interesse an mir hatte. Aus meinem Urlaub auf Baltrum schrieb ich ihr dann jeden Tag und berichtete ihr von meinen Beobachtungen, auch was die dortigen Frauen anging.

Nach meiner Rückkehr traf ich sie spätnachmittags in meinem Arbeitszimmer, und über das viele Erzählen verging die Zeit.

Als sie mich fragte, ob ich denn noch niemals einen nackten Busen gesehen hätte, mußte ich dies ganz ehrlich verneinen. Zwar hatte mich meine Mutter als kleinen Jungen mit ins Badehaus für Frauen genommen, aber ab dem sechsten Lebensjahr ging ich dann zusammen mit meinem Vater und den Brüdern.

Da öffnete Maria ihre Bluse und ließ mich ihre Brust anschauen und berühren, was mich auf der Stelle rot werden ließ.

Und dann tat ich etwas, das ich in meinem Leben zuvor noch niemals getan hatte: Ich umarmte sie und küßte sie mit wild pochendem Herzen auf den Mund. Es war mein allererster zärtlicher Kuß, auch wenn er sicher nicht so professionell ausfiel, wie man es heute in jeder Fernsehsendung sehen kann.

Abschied von meiner Mutter

Ein Jahr nach meinem Fortgang aus Korea erlitt meine Mutter einen Schlaganfall, durch den sie halbseitig gelähmt blieb. Ein Jahr später starb sie friedlich in unserem alten Haus. Alle waren nun voller Sorge, wie man mich, der ich allein in der Fremde war, über dieses traurige Ereignis informieren sollte. Schließlich machte sich meine jüngere Schwester, mit der ich schon seit der Kindheit sehr eng verbunden bin, zum Zentralpostamt von Seoul auf, um mir einen Luftpostbrief zu schicken. Doch während sie schrieb, mußte sie heftig weinen, und der Briefbogen wurde ganz naß. Als ein Herr mittleren Alters neben ihr fragte, ob er ihr irgendwie helfen könnte, erzählte sie ihm vom Tod der Mutter und ihrer Aufgabe, dem Bruder in Deutschland die Nachricht zu übermitteln. Als der Herr daraufhin mitfühlend nach meinem Namen fragte und meine Schwester ihn nannte, blickte er sie plötzlich sprachlos an. Es stellte sich heraus, daß es sich um Professor Tong-Suk Yun von der *Seoul National University* handelte, bei dem ich studiert hatte und der sich sehr dafür eingesetzt hatte, daß ich ins Ausland gehen konnte. Sogleich bot sich mein Mentor und alter Lehrer an, mir die schlimme Botschaft zu übermitteln. Mich hat dieser Zufall – wenn es denn einer war – sehr bewegt.

Als ich die Nachricht dann erhielt, benachrichtigte ich das Institut über den Trauerfall und sagte, daß ich nicht kommen würde. Zuhause erzählte ich es nur kurz Frau Fuhr und legte mich in meiner Niedergeschlagenheit sogleich ins Bett, obwohl es noch Vormittag war. So sehr hatte ich mir gewünscht, gleich nach meiner Promotion mit der guten Nachricht zu meiner Mutter zu gehen. Nun konnte sie nicht mehr stolz auf ihren Sohn sein, für den sie während des Krieges alles getan hatte. Ich war mit ihr auf dem Feld und im Verkaufsstand am Straßenrand gewesen, und wir waren gemeinsam vor den Nordkoreanern geflüchtet. Nun hatte ich den Menschen verloren, der mich am besten verstanden und der unsere große Familie in allen Zeiten zusammengehalten hatte. Und meine Befürchtung, daß dies das Ende der Großfamilie bedeuten könnte, bewahrheitete sich leider: Nur mein Vater und meine Schwester blieben von der großen Familie Rie übrig.

Als ich am Nachmittag erwachte, bemerkte ich jemanden neben mir auf dem Fußboden. Es war meine Freundin Maria, die im Institut von meinem Verlust gehört hatte und gekommen war, um mich zu trösten. Still hatte sie sich neben mich auf den Boden gesetzt und gewartet, bis ich wach wurde. Ich war sehr gerührt und dankbar, daß sie mir in meiner großen Trauer beistehen wollte. Leider war unsere Bindung nicht von Dauer, da ihre Mutter alles andere als begeistert war von der Beziehung ihrer Tochter zu einem Ausländer.

Drei Monate lang trug ich an meinem Revers eine kleine weiße Blume als Zeichen für einen Sterbefall in der Familie. Ganz so, wie es die koreanische Tradition verlangte.

Erste Versuche und Fahrten nach Mol in Belgien

Im Sommer 1961 war die Entwicklung meiner Versuchsanlage soweit fortgeschritten, daß sie an den Ionenbeschleuniger angeschlossen werden konnte. Beim Vorversuch hatten wir keine Undichtigkeit finden können. Wir wollten die ganze Nacht hindurch arbeiten, da dann die Spannung und der Strom des Beschleunigers stabiler waren als tagsüber. Jedes Risiko sollte bei meinem ersten Versuch möglichst vermieden werden.

Herr Sokolowski bediente den Beschleuniger. Die Versuche wurden bei verschiedenen Beschleunigungsspannungen durchgeführt, bei 1, 2 und 3 MeV *(Million electron Volts)*. Hinter der Probe befand sich eine Fängerplatte für die aus der Probe emittierten Atome. Bei jeder Spannungsänderung wurde die Fängerplatte für den neuen Versuch gewechselt. Wir begannen abends gegen 19 Uhr und waren um 4 Uhr morgens fertig. Alles lief so zufriedenstellend, daß ich heilfroh war, den ersten großen Schritt in Richtung Promotion getan zu haben.

Die große noch offene Frage war, wie man die emittierten und ohne Hilfsmittel ja nicht zu erkennenden Atome sichtbar machen und deren Dichteverteilung bestimmen könnte. Nach einigem Überlegen entschloß ich mich für die Verwendung eines autoradiographischen Verfahrens. Um diese autoradiographischen Bestimmungen durchführen zu können, mußten die Fängerplatten aus reinem Quarzglas in einem Atomreaktor bestrahlt werden.

Da die Reaktoren in Jülich für solche Experimente noch nicht geeignet waren, stellte sich die Frage, wo wir dies machen lassen könnten. Wir entschieden uns für Mol in Belgien, denn der dortige Reaktor war schon seit langem im Einsatz, und wir Aachener kannten dort einige leitende Wissenschaftler wie Professor Amelinx und Dr. Nihoul. Ich fragte deswegen schriftlich bei Dr. Nihoul höflich an, ob er mir bei der Bestrahlung meiner Fängerplatten behilflich sein könnte. Er sagte mir gleich seine Hilfe zu, und von Ende 1961 bis 1964 führte ich meine Experimente durch. Das bedeutete auch, 3 Jahre lang immer wieder nach Mol zu fahren. Zwar betrug die Entfernung von Aachen nur gut 100 km, doch war die Fahrt recht mühsam. Mindestens drei Stunden war ich unterwegs, erst mit dem Expreßzug nach Lüttich, dann weiter mit Bummelzug und Bus zum Forschungszentrum Mol, so daß ich Hin- und Rückfahrt kaum an einem Tag schaffen konnte und dort übernachten mußte. In der Regel reichte eine eintägige Bestrahlung im Reaktor zur Herstellung meiner radioaktiven Fängerplatten aus. An dieser Stelle möchte ich betonen, daß diese Platten aus meiner Sicht vollkommen ungefährlich waren. Zum einen waren sie mit reinstem Aluminium bedampft und wurden also kaum radioaktiv. Und zweitens wurden die Goldatome, die aus der Goldprobe durch die Bestrahlung mit dem Ionenbeschleuniger emittiert und dann aufgefangen wurden, kaum heiß und infolge der kurzen Halbwertszeit von 3 Tagen auch schnell schwach radioaktiv. Zudem bestand mein Transportbehälter aus mindestens 5 mm dicken Bleiplatten. Und auch wenn mir Dr. Nihoul einmal im Scherz riet, den Geigerzählern im Haupteingang besser geschickt auszuweichen, war meine anfängliche Besorgnis doch ganz unbegründet, denn selbstverständlich hatte Dr. Nihoul die Radioaktivität der Platten vor dem Transport sorgfältig gemessen.

Nach dem Bezug unseres Institutsneubaus teilte ich mir mit Herrn Sokolowski, mit dem zusammen ich ja auch meine Versuche durchgeführt hatte, ein Arbeitszimmer, und wir wurden gute Freunde. Er war ein leidenschaftlicher Pfeifenraucher, und das Zimmer roch oft sehr angenehm, ganz anders als beim Zigarettenrauch. Als ich begeistert von dem süßen Geruch schwärmte, wollte er mir gleich zeigen, was man als Pfeifenraucher braucht.

Und auch wenn ich als Nichtraucher meine Bedenken äußerte, warnte er mich doch nur davor, mit dem Zigarettenrauchen anzufangen.

In einem Fachgeschäft erwarb ich unter seiner Anleitung dann alles, was man braucht: Pfeife, Tabak, Stopfer, viele Filter und Streichhölzer. Seit der Zeit war das Pfeifenrauchen meine Leidenschaft, und mehr als 45 Jahre lang konnten Mitarbeiter recht einfach feststellen, ob ich im Büro war. Der süße Tabakduft verriet mich immer. Erst vor ein paar Jahren habe ich fast gänzlich aufgehört und rauche jetzt nur noch ganz selten bei besonderen Gelegenheiten.

Paßprobleme

Je näher das Jahresende 1961 kam, desto unruhiger wurde ich. Mein Reisepaß würde dann seine Gültigkeit verlieren, und außerdem war ich ja schon von der koreanischen Regierung zur Rückreise aufgefordert worden. Da ich aber fest entschlossen war, in Deutschland meine Promotion abzuschließen, schickte ich meinen Paß einfach mit der höflichen Bitte um Verlängerung zur koreanischen Botschaft in Bonn. Prompt erhielt ich das Dokument ohne Verlängerung zurück mit dem Schreiben, ich bekäme lediglich eine Verlängerung um vier Wochen, wenn ich schriftlich verspräche, innerhalb dieser Zeit nach Korea zurückzukehren.

Von Januar 1962 an war ich in Deutschland mit abgelaufenem Paß und ohne Aufenthaltsgenehmigung. Ich kam mir vor, als existierte ich gar nicht, und ich mußte mich möglichst unauffällig benehmen, um nicht aufzufallen.

Im Februar erzählte ich schließlich Pfarrer Fuhr von

meinen Problemen. Der war über die Sache sehr empört und kontaktierte gleich den Vizepräsidenten der Bezirksregierung in Aachen, Dr. Siegel. Als wir diesem dann gegenübersaßen und die Angelegenheit schilderten, war uns Dr. Siegel auf ebenso einfache wie wirkungsvolle Weise behilflich.

Er riet mir einfach, mit Paßbildern zur Stadtverwaltung zu gehen und dort einen Fremdenpaß zu beantragen. Und da ich immer einige Bilder bei mir hatte und Dr. Siegel die Paßstelle telefonisch informierte, hatte ich eine halbe Stunde später einen Fremdenpaß in Händen. So war es anschließend auch kein Problem, bei der Ausländerbehörde eine Aufenthaltsgenehmigung für die nächsten zwölf Monate zu bekommen. Diese Genehmigung mußte jährlich erneuert werden, während der Fremdenpaß selbst viel länger gültig war. Wie man mir auf meine Nachfrage erklärte, diente dieser vor allem dazu, daß Ausländer nicht unverschuldet in Schwierigkeiten gerieten. Besonders galt dies bei einem Verlust von Ausweisdokumenten oder einer fehlenden Vertretung des Heimatlandes in Deutschland.

Nicht im Traum hätte ich daran gedacht, daß mich dieser Paß mehr als sieben Jahre begleiten sollte. Ich promovierte mit ihm, reiste im europäischen Ausland und sogar nach Amerika. Und ich habe mit diesem Paß auch geheiratet.

Und da ich nun wieder über einen gültigen Ausweis verfügte und mein erster Laborversuch glänzend lief, dachte ich, mir vielleicht einen kleinen Urlaub verdient zu haben.

Zunächst fuhr ich nach Detmold und besuchte Michael, den ältesten Sohn der Familie Fuhr. Weiter ging es über Würzburg nach Rothenburg ob der Tauber. Die ganze Stadt schien mir aus Touristen zu bestehen, die man leicht an ihren fremden Sprachen erkennen konnte. Göppingen war eine weitere Station, und dann Bad Boll, wo man hauptsächlich Kurgäste und Beschäftigte der Evangelischen Akademie traf. Auf jeden Fall konnte ich mich dort bestens erholen.

Über Freudenstadt ging es dann wieder zurück nach Aachen, und natürlich war meine neuntägige Reise viel zu kurz gewesen.

Ich beschloß, nach meiner Promotion mir noch viel mehr anzusehen, vielleicht sogar mit eigenem Auto in die Alpen zu fahren. Leider konnte ich meine schönen Pläne dann doch nicht alle in die Tat umsetzen.

Mein erster Vortrag auf Deutsch

Im Sommer 1962 kam Prof. Haasen, ein Freund unseres Institutsleiters, der mit ihm zusammen bei Prof. Masing studiert hatte, aus Göttingen zu Besuch. Beide erschienen während der Besichtigung des Instituts auch bei mir, woraufhin ich ausführlich über meine neu konzipierte Anlage berichtete und die neuesten Ergebnisse vorstellte. Prof. Haasens Lob und Aufmunterung waren für mich sehr wichtig. Einige Wochen zuvor hatte ich meine Anlage so umgebaut, daß ich nicht nur Protonen von MeV benutzen konnte, sondern auch Ionenstrahlen mit lediglich KeV *(Kilo electron Volt)*. Zur Erzeugung dieses Ionenstrahls benutzte ich die Ionenquelle unseres Beschleunigers und beschränkte mich nicht nur auf die Verwendung einer sehr dünnen Folie, sondern nahm auch massives Material, Einkristalle von verschiedenen Metallen. Hierin lag eine konsequente Weiterentwicklung der bisherigen Versuche, durch die sie schneller und vor allem beweiskräftiger durchgeführt werden konnten.

Beflügelt durch die anerkennenden Worte Prof. Haasens arbeitete ich bis Anfang 1963 Tag und Nacht an den Versuchen. Der damalige Gruppenchef Dr. Wollenberger, der später in Aachen habilitierte, empfahl mir, meine neuesten Ergebnisse bei der Nordwestdeutschen Physikertagung Anfang April 1963 in Bad Pyrmont vorzustellen. Während dieser Tagung gab es auch eine Sitzung über „Strahlenschäden", die von Prof. Th. Heumann von der Universität Münster geleitet wurde.

Es handelte sich um den ersten Vortrag in meinem Leben. Ich fand es schon ein wenig riskant, als „Hüttenmann" diesen ausgerechnet in Deutschland vor Physikern zu halten, doch wollte ich Dr. Wollenberger und vor allem meinen Chef Prof. Lücke nicht enttäuschen. Außerdem war ich durchaus der Ansicht, genügend interessante und präsentable Ergebnisse zu haben.

Die ganze Zeit über war ich sehr aufgeregt, da es ja nicht nur um den Inhalt ging, sondern auch um die Art der Präsentation. Und diesbezüglich hatte ich weder Ahnung noch Erfahrung. Immer wieder las und korrigierte ich mein Manuskript und versuchte es auf der Fahrt nach Bad Pyrmont auswendig zu lernen. Als ich dann aber am nächsten Tag mit meinem langen Zeigestock zum Rednerpult ging, war alle Aufregung plötzlich verschwunden. Ich redete, als hielte ich den Vortrag in Aachen vor den Mitarbeitern. Und ich war sehr stolz über Prof. Heumanns lobende und aufmunternde Worte, die mir für meine weitere Arbeit ein stärkeres Selbstvertrauen gaben.

Mein koreanischer Paß wird konfisziert

Da ich nun einen Fremdenpaß hatte, wurde ich doch ein

bißchen übermütig und schickte meinen koreanischen Paß noch einmal wegen einer Verlängerung nach Bonn zur koreanischen Botschaft. Daraufhin wurde mir mitgeteilt, daß der Paß nun konfisziert sei und ich umgehend zur Botschaft kommen sollte.

Das verhieß nichts Gutes, denn zu der Zeit waren Entführungen von Koreanern aus Deutschland und Japan zurück nach Korea an der Tagesordnung. Ich will hier nur an den weltbekannten Komponisten Isang Yun erinnern, der einige Jahre später 1967 nur wegen eines nicht genehmigten Besuchs von Nordkorea in Deutschland vom südkoreanischen Geheimdienst entführt wurde. Auf jeden Fall war es mir zu riskant, ohne Absicherung nach Bonn zu fahren. Ich informierte Pfarrer Fuhr, der mir riet, einfach sicherheitshalber den in Bonn studierenden Kai Dose mitzunehmen. Das war der Kindergottesdienstmitarbeiter, den ich bei meinem ersten Besuch in der Dreifaltigkeitskirche kennengelernt hatte.

Als ich in Bonn ankam, stand Kai schon am Bahnhof. Wir gingen gleich zur koreanischen Botschaft, und ich bat ihn, im Warteraum Platz zu nehmen. Sollte ich nach zwei Stunden noch nicht wieder aufgetaucht sein, konnte er Pfarrer Fuhr benachrichtigen. Kai war sich der prekären Lage bewußt und machte ein sehr ernstes Gesicht.

Ich ging in das Zimmer des Konsuls, der mich wiederum aufforderte, innerhalb einer Woche nach Korea zurückzukehren. Ich schilderte ihm meine Situation und unterstrich, wie wichtig es doch unter Präsident Sung-Man Rhee gewesen sei, junge Forscher ohne Rücksicht auf abgeleisteten Militärdienst ins Ausland zu schicken. Und ich hätte ja auch nur noch zwei Jahre bis zu meiner Prüfung.

Doch war der Konsul davon nicht zu beeindrucken und wies nur darauf hin, daß Präsident Rhee bereits vor drei Jahren abgesetzt worden sei. Da sagte ich mit ernster Miene, daß ich mir zu Hause alles noch einmal in Ruhe überlegen und mich dann melden wolle. Draußen saß Kai immer noch auf seinem Stuhl, und ganz erleichtert verließen wir die Botschaft.

Also war ich doch nicht nach Korea verschleppt worden. Ich dankte Kai vielmals für seine Unterstützung, und wir feierten ein wenig den guten Ausgang der Angelegenheit, auch wenn ich meinen Paß nicht zurückbekommen hatte. Aber damit war ja auch nicht ernsthaft zu rechnen gewesen. Daß mein Paß ein Jahr später im Rahmen des Deutschlandbesuchs von Staatspräsident Park dann doch noch verlängert wurde, ist eine andere Geschichte.

Die große Italienreise

Kaum hatte ich die Aufregung meines ersten Vortrags in Bad Pyrmont gut überstanden, begann schon eine weitere neue Erfahrung – diesmal noch angenehmer. Von der Tagung fuhr ich nicht wieder nach Hause zurück, sondern weiter nach Innsbruck, wo ich mich mit Pfarrer Fuhr und seinen drei Söhnen Michael, Johannes und Andreas treffen wollte. Bereits zu Jahresbeginn war nämlich von den älteren Jungen beschlossen worden, daß wir „Männer" gemeinsam eine Italienreise unternehmen sollten. Frau Fuhr reservierte die Unterkünfte, und als Pfarrer Fuhr dann seinen nagelneuen Ford Taunus 12 M bekommen hatte, stand der geplanten zehntägigen Fahrt nichts mehr im Wege.

Zunächst ging es von Innsbruck über den Brenner nach Bozen und dann weiter nach Trient und seiner imposanten Kathedrale. Verona und Padua waren unsere nächsten Ziele, und dann natürlich Venedig, wo wir uns auf dem Markusplatz so richtig als Touristen fühlen konnten.

Von Florenz fuhren wir weiter über Siena nach Rom und bezogen in Strandnähe Quartier. Leider war es Mitte April zum Schwimmen im Meer noch viel zu kühl.

So schön die Rückfahrt entlang der Küste nach Norden dann auch war, gab es doch einige Probleme. In La Spezia hatten wir keine Unterkunft reserviert und mußten sehr provisorisch übernachten, und am folgenden Tag erfuhren wir erst in Turin, daß alle Alpenpässe wegen Schneefall gesperrt waren. Also fuhren wir zurück zur Riviera und machten einen Umweg über San Remo und Monaco nach Nizza. Leider kamen wir viel zu spät auf den Gedanken, hier einfach noch einige Tage zu bleiben.

Nach einer im Auto verbrachten Nacht machten wir uns dann morgens um fünf Uhr auf die Rückfahrt, wobei ich mich mit Pfarrer Fuhr beim Fahren abwechselte. Kurz vor Mitternacht erreichten wir ziemlich erschöpft Aachen.

Sehr viel Schönes haben wir auf dieser Reise erlebt, aber auch manche Schwierigkeiten waren zu überwinden. Doch gemeinsam konnten wir jedes Problem lösen. Insgesamt kann man sagen, daß die drei Fuhr-Söhne und ich auf dieser Fahrt zu wirklichen Brüdern geworden sind, und wir wußten, daß wir uns unbedingt aufeinander verlassen konnten.

Eine dumme Geschichte ist mir allerdings doch passiert: In unserem Hotel in der Nähe von Rom ließ ich meinen Sommermantel hängen, in dessen Tasche sich der Institutsschlüsselbund befand. In Aachen mußten nach meiner Rückkehr dann sehr viele Schlösser ausgetauscht werden.

Und nochmals der koreanische Paß

Mein älterer Bruder arbeitete zu der Zeit im koreanischen *Governmental Film Production Center*, der staatlichen Propagandafilmstelle. Daher war er immer bestens informiert, wann einer der Politiker sich auf Reisen begab.

Im November 1964 schrieb er mir, daß General Park, der damalige Staatspräsident und Verantwortliche für den Militärputsch 1961, Anfang Dezember Deutschland besuchen würde. Viel wichtiger war aber die Mitteilung, daß ein Freund aus Kindertagen ihn als Leibwächter begleiten würde. Auch wenn ich meinen Spielkameraden seit mehr als 15 Jahren nicht mehr gesehen hatte, wollte ich ihn doch gern in Bonn treffen. Jeder Koreaner weiß, wie vorteilhaft und immer wieder erneuerbar alte Beziehungen sein können – und das für beide Seiten.

Als ich ihm in Bonn dann tatsächlich begegnete, traute ich meinen Augen nicht, so groß und gutgekleidet war Ch. Lee. Ich erzählte ihm von meinen Problemen mit dem beschlagnahmten Paß, der Forderung, meinen Militärdienst zu leisten und den Dissertationsplänen. Mein alter Freund hörte aufmerksam zu und sagte dann nur, ich solle mir keine Sorgen machen. Er werde sich schon um die Angelegenheit kümmern. Seine Reaktion hat mich sehr bewegt, auch wenn ich keinesfalls sicher war, daß er tatsächlich etwas für mich tun könnte. Ich dankte ihm und fuhr wieder nach Hause.

Wie groß war da meine Überraschung, als ich etwa eine Woche später von der koreanischen Botschaft einen Brief und meinen um ein Jahr verlängerten Paß erhielt. In dieser Zeit sollte ich meine Promotion beenden und anschließend nach Korea zurückkehren.

Es war schon ein merkwürdiges Gefühl, einmal gar

keinen und dann wieder zwei Pässe zu haben. Ich war erleichtert, auch wenn ich für meine Aufenthaltsgenehmigung den koreanischen Paß nun nicht mehr benötigte.

Etwa sechs Monate später habe ich promoviert, und im Herbst schickte ich den Paß erneut zur Botschaft mit der Bitte um eine weitere Verlängerung. Als Grund gab ich meine Arbeit in der Kernforschungsanlage Jülich an und verschwieg den sehr persönlichen Grund, daß ich in der Zwischenzeit hier in Deutschland die Frau meines Lebens getroffen hatte. Doch wie kaum anders zu erwarten, wurde der Paß umgehend beschlagnahmt und die Forderungen nach Rückkehr begannen von neuem.

Es war also nur ein kurzes Intermezzo gewesen, und dennoch bin ich meinem Freund aus Kindertagen immer noch dankbar. Gern hätte ich ihn noch einmal getroffen, doch nach Auskunft meines älteren Bruders ist er in die USA ausgewandert – was mein Bruder selbst dann auch tat.

Meine Gymnasialfreunde in Deutschland

Gymnasialfreunde sind für Koreaner etwas besonderes: Nach dem Abitur gründen die Absolventen einen „Verein der Ehemaligen" und treffen sich mindestens einmal jährlich. Diese Treffen finden gelegentlich auch im Ausland statt, und so trafen sich im Herbst 1964 die Absolventen des *Kyung-Gi* Gymnasiums in Gießen.

Insgesamt sechs von uns, die wir uns aus der Schulzeit noch recht gut kannten, waren zusammengekommen. Dr. Y. S. Chung, der als Spezialist auf dem Gebiet der Vererbungstheorie in Gießen arbeitete, übernahm die Organisation, die Verpflegung und Unterkunft. Eine Studienfreundin von Frau Chung, eine Medizinstudentin namens Sylvia, half ebenfalls mit, beim Kochen, Servieren und Aufräumen. Ich war von dem hübschen und hilfsbereiten Mädchen sehr beeindruckt und lud sie beim Abschied zu mir nach Aachen ein.

Wie überrascht war ich, als Sylvia mir schon bald darauf mitteilte, daß sie mich am Wochenende besuchen wolle. Ich war mächtig aufgeregt, organisierte ein Hotelzimmer ganz in unserer Nähe und besorgte Pasteten zum Abendessen. Pfarrer Fuhr und seine Frau gaben sich ebenfalls alle Mühe, und ich hatte den Eindruck, Frau Fuhr war sehr neugierig auf meine möglicherweise zukünftige Frau.

Nach einem wirklich schönen Abend brachte ich Sylvia in ihr Hotel und trug ihr den Koffer auf das Zimmer. Und als wir im Zimmer standen, stellte ich ohne Umstände den Koffer ab, nahm Sylvia in die Arme und küßte sie. Ich war über meine Frechheit selbst überrascht. Wir fielen auf das Bett und ich küßte sie erneut. Und dann – dann stand ich abrupt auf, sagte, daß ich sie am Morgen abholen werde und verließ das Zimmer.

Wie ich später, als sich unser Verhältnis dann doch intimer gestaltete, von ihr erfuhr, hatte sie erwartet, ich würde bei ihr bleiben. Doch wie hätte ich das tun können, hatte ich doch überhaupt keine Erfahrung mit Frauen. Sylvia war die zweite, die ich bis dahin überhaupt auch nur geküßt hatte. Unerfahren und gehemmt, wie ich war, kam es mir vor allem darauf an, keine Schwäche zu zeigen.

Kurz vor Weihnachten hielten wir es für an der Zeit, daß ich ihre Eltern kennenlernen sollte. Doch war mein Besuch dort eine einzige Katastrophe, denn Sylvias Vater war strikt gegen ein Verhältnis seiner Tochter mit einem Ausländer. Sylvias ältere Schwester versuchte mich ein wenig abzulenken, aber die Stimmung war restlos verdorben, auch wenn wir dann später bei ihrem Bruder Silvester feierten.

Seit dieser Zeit war ich endlich auch motorisiert und nannte einen VW Baujahr 1952 mein eigen. Ich hatte mich nämlich entschlossen, im schon länger leerstehenden Haus von Dr. Gonser in Roetgen, 20 km südlich von Aachen, meine Arbeit zu korrigieren und mich auf die Doktorprüfung vorzubereiten. Zwar wollte Dr. Gonser ursprünglich nur für ein Jahr in die USA gehen, doch verlängerte er dann seinen Aufenthalt dort viermal bis zum Herbst 1965. Das Haus hatte er bereits seit 1957 gemietet, und es lag auf der belgischen Seite. Öffnete man die Garagentür, fuhr man über die damalige deutsch-belgische Grenze in die Garage, denn die Grenzmarkierung war gleichzeitig Grundstücksgrenze. Trotz aller Schwierigkeiten wollte mich Sylvia in den Semesterferien im April in Roetgen besuchen, und da ich bis über beide Ohren verliebt war, war ich von ihrer Absicht entzückt.

Im Januar begann ich in Roetgen mit der Korrektur meiner Doktorarbeit, wobei mir Dr. Lehmann half, ein Mitarbeiter des zweiten Berichters für meine Promotion, Professor Leibfried. Am Wochenende war ich meist in Aachen bei Familie Fuhr und half wie schon seit mehr als vier Jahren beim Kindergottesdienst.

Sylvia kam tatsächlich schon Anfang April 1965 und blieb etwa eine Woche, und wir hatten das ganze einzelstehende Haus für uns allein. Und diesmal fühlte ich mich besser „vorbereitet", denn ich hatte kurz zuvor in Dr. Gonsers Regal ein englisches Buch entdeckt. Es war ein wissenschaftliches Buch über den Geschlechtsverkehr, in dem alles genauestens erklärt wurde. Zwar enthielt es kein einziges Bild, aber auch so habe ich genug verstanden, um als „Spätzünder" etwas mehr Selbstvertrauen zu bekommen.

Dennoch war ich natürlich immer noch ohne jede Erfahrung in diesen Dingen, und als wir uns dann gleich am ersten Tag in Roetgen näherkamen, war meine alte Unsicherheit sofort wieder da. Als ich Sylvia gegenüber gestand, keine Ahnung von diesen Dingen zu haben, erhielt ich von ihr eine Antwort, die meine romantische Träumerei mit einem Schlag zerstörte. Sie gestand mir nämlich, durchaus Erfahrung zu haben, woraufhin ich vor lauter Enttäuschung in Tränen ausbrach. Eine Welt brach für mich zusammen, als ich hörte, daß die von mir zur Ehefrau ausgewählte bereits vor mir mit anderen geschlafen hatte.

Doch obwohl ich Sylvia mit meiner Reaktion sicher sehr gekränkt hatte, war sie mir gegenüber doch sehr verständnisvoll und half mir, meine ersten Erfahrungen zu machen.

Und als sie mich bei ihrer Rückkehr nach Gießen zwei Tage später aufforderte, sie dort doch in Zukunft häufiger zu besuchen, fühlte ich mich in gewisser Weise rehabilitiert.

Während der Wochenenden in Gießen waren wir sehr glücklich und genossen unsere Zweisamkeit. Ich sah in Sylvia bereits meine zukünftige Frau und schenkte ihr Besteck und ein vollständiges Geschirr, worüber sie allerdings gar nicht begeistert war. Sie erzählte mir von ihrem Kummer, denn ihr Vater, der mir von Anfang an ablehnend gegenüberstand, hatte den Druck auf seine Tochter verstärkt, sich von mir zu trennen. Es hat mich sehr geschmerzt, daß es für uns keine gemeinsame Zukunft geben sollte, und ich verstand nicht so recht, warum Sylvia aus Liebe zu ihrem Vater ihren Freund verlassen konnte. Ich war mir nicht sicher, ob es nicht doch auch an mir lag und ich sie irgendwie enttäuscht oder verärgert hatte.

So blieb mir nichts anderes, als mich in die Arbeit für meine nun in zwei Monaten anstehende Promotion zu stürzen und möglichst bald über die ganze Geschichte hinwegzukommen. Sylvia selbst blieb mir natürlich unvergeßlich.

Wissenschaftlicher Fortschritt

Nach vielen weiteren Versuchen und entsprechenden Reisen nach Mol hatte ich schließlich den Entwurf meiner Doktorarbeit auf dem Schreibtisch: etwa 100 Seiten Text und 30 Seiten Abbildungen. Wie schon erwähnt betreute mich zu diesem Zeitpunkt der Mitberichter Prof. Leibfried, ein theoretischer Physiker und Experte auf meinem Gebiet.

Der allerdings war der festen Überzeugung, daß eine Dissertation nur das Allerwesentlichste enthalten sollte: Über die Apparate nicht mehr als zwei Seiten, über die Experimente zwei bis drei, über die Ergebnisse höchstens 10 Seiten und dann eine Seite für die Schlußfolgerungen. Er hielt die Einleitung für das Wichtigste.

Diese Vorstellung war für mich ganz neu, und als er meinen Text auf 25 und den Bildteil auf 20 Seiten gekürzt hatte, war ich ziemlich enttäuscht. Hatte ich dafür fast vier Monate lang geschrieben?

Auf Prof. Leibfrieds Rat hin überarbeitete ich die neu zu formulierende Einleitung gemeinsam mit Dr. Lehmann. Dank dessen Hilfsbereitschaft kam ich schnell voran.

Wenn man es recht bedenkt, war ich mit meiner deutsch-belgischen grenzüberschreitenden Arbeit meiner Zeit doch recht voraus.

Zulassungsvoraussetzung für die Promotion war eine bestandene Diplom-Prüfung in den vier Hauptfächern. Die Prüfungen in Eisenhüttenwesen, Metallhüttenwesen und Werkstoffprüfung hatte ich bereits im Frühjahr 1964 abgelegt, so daß nur noch ein Fach übrigblieb: Allgemeine Metallkunde und Metallphysik. Aber auch die Prüfung schaffte ich drei Monate vor der Doktorprüfung, so daß der Promotion nichts mehr im Wege stand. Die schriftliche Arbeit war eingereicht, und ich konnte mich in aller Ruhe auf die mündliche Prüfung und Verteidigung der Arbeit vorbereiten, die am 28. Juni 1965 stattfinden sollte. Ort war das Institut für Gießereitechnik, da dessen Direktor zugleich Dekan für Bergbau und Hüttenwesen war.

Nach etwas mehr als zwei Stunden war alles überstanden, und die Mitarbeiter unseres Instituts holten mich mit einem schön vorbereiteten Zug ab. Am Anfang kam ein ausrangierter Jeep mit darauf montierter langer Kanone, welche die Ionenkanone meiner Experimente

Promotionszug: Ich werde nach der Doktorprüfung abgeholt!

symbolisieren sollte. Herr Potyka, der immer aufopfernd meine Versuche begleitet hatte, saß behelmt auf dem Fahrersitz, mein Platz war natürlich hinter der Kanone. Wir zogen vom Gießerei-Institut bis zu unserem Haus in der Kopernikusstraße. Ich war sehr berührt von dem Enthusiasmus und der leidenschaftlichen Unterstützung aller Mitarbeiter, die nun gemeinsam mit mir feierten. Und mir wurde wieder bewußt, was für ein Glück ich doch hatte, als ich etwa sechs Jahre zuvor an diesem Institut landete. Im Institut wurde dann ein Bierfaß angestochen und fröhlich getrunken.

Mein Doktorvater Prof. Lücke fragte mich, ob ich nicht weiter in der Gruppe für Strahlenschäden arbeiten wollte. Ich stimmte sehr gern zu, denn es war auch eine Anerkennung meiner bisher geleisteten Arbeit. Ich freute mich auf ein weiteres Jahr in Aachen.

In unserem „Bunker" war ich der erste Doktorand, der promovierte. Es war eine schöpferische Zeit, in der ich von Prüfungszwängen befreit mich viel intensiver neuen Ideen und den Veröffentlichungen anderer Forscher widmen konnte.

Zugeteilt war ich Dr. Wollenberger, der kalorimetrische Messungen nach der Elektronenbestrahlung durchführte. Meine Aufgabe war es, den elektrischen Widerstand zu messen. Die Versuche sollten bei 4 Grad Kelvin, also -269˚ C stattfinden, und oft haben wir bis in den frühen Morgen gearbeitet. Aber auch privat lernte ich Dr. Wollenberger kennen und schätzen, der gebildet und vielseitig interessiert war. Oft hörten wir in seiner Wohnung gemeinsam mit seiner Frau klassische Musik und tranken dazu einen ausgezeichneten Wein.

Nach einem Jahr konnten wir unsere Experimente erfolgreich abschließen, und Dr. Wollenberger erwähnte mich in der auf Englisch veröffentlichten Zusammenfassung der Ergebnisse als Mitautor. Nach meiner Dissertation war dies meine erste Zeitschriftenpublikation, und dann noch auf Englisch.

Doktorfeier, eine hübsche Pastorin und die Folgen

Nach meiner fröhlichen Promotionsfeier im Institut wollte ich rasch nach Hause, um Pfarrer Fuhr, der von meiner Prüfung gar nichts wußte, über den Erfolg zu informieren. Also stürzte ich gleich mit der freudigen Nachricht in sein Arbeitszimmer – und bemerkte da erst, daß er nicht allein war, sondern gemeinsam mit einer jungen Pastorin ein Traugespräch führte. Doch er stand sogleich auf, umarmte mich vor allen und gratulierte mir von Herzen.

Alle andere schlossen sich den Glückwünschen an, während Pfarrer Fuhr eine Flasche Sekt aus dem Keller holte. Die sich anschließende improvisierte kleine Feier habe ich sehr genossen, nicht zuletzt deshalb, weil ich die nette Pastorin nicht aus den Augen lassen konnte.

Als hätte Pfarrer Fuhr meine Gedanken lesen können, fragte er mich später, ob ich seine neue Mitarbeiterin nicht nach Hause bringen wollte. Dies war die unvergeßliche Begegnung mit Ingrid, meiner späteren Frau.

Dank meiner fortdauernden Tätigkeit als Kindergottesdiensthelfer hatte ich wenigstens einmal in der Woche Gelegenheit, mit ihr zusammenzutreffen. Ich bemühte mich sehr, ihre Aufmerksamkeit zu erregen, leider oft mit nur mäßigem Erfolg. Aber wenigstens durfte ich sie später dann immer nach Hause fahren und konnte sie im Rückspiegel beobachten. Auf dem Rückweg war ich stets ziemlich betrübt.

Bald ging dieses Spielchen schon vier Wochen lang, und immer noch hatte ich keine Reaktion ihrerseits feststellen können.

An einem Samstag Ende Juli 1965 suchte ich sie dann einfach in ihrer Sprechstunde auf, nachdem ich meine Wochenendeinkäufe erledigt hatte. Ich nahm all meinen Mut zusammen und fragte sie, ob sie nicht mit mir zum Evangelischen Kirchentag nach Köln fahren wolle, wo Carl Friedrich von Weizsäcker einen Vortrag hielt. Ich hatte sie regelrecht überrumpelt, und bald darauf schon waren wir in meinem alten VW-Käfer auf der Autobahn.

Während wir noch auf den Beginn der Veranstaltung warteten, klopfte plötzlich eine Frau der Pastorin auf die Schulter. Es war ihre Schwester Friedrun, die als Gemeindeschwester ebenfalls nach Köln gefahren war.

Nach dem Vortrag fragte mich die Pastorin, ob wir nicht alle gemeinsam nach Waldbröl im Bergischen Land fahren wollten, wo ihre Eltern lebten. Also fuhr ich mit den beiden dorthin, und sie erfreuten ihre Mutter mit einem Überraschungsbesuch. Ich wurde wie ein alter Bekannter freundlich aufgenommen.

Das einzige Problem bestand darin, daß die Mutter nicht genug für so viele Personen eingekauft hatte, und die Geschäfte waren damals natürlich schon geschlossen. Also holte ich kurzentschlossen meinen überwiegend aus Gemüse bestehenden Wochenendeinkauf aus dem Wagen, zusammen mit dem Buch „Die Märtyrer" des aus Korea stammenden Autors Richard E. Kim, welches ich der Mutter als kleines Geschenk überreichte. Eigentlich war dies für ein junges Mädchen gedacht gewesen, die mir vor einiger Zeit Köln gezeigt hatte.

Es war zwar nicht viel, was ich für mich allein gekauft hatte, doch wurde beim Mittagessen am Sonntag jeder satt. Einzig Ingrids Vater, der Steuerberater war, konnte sich eine ironische Bemerkung über das „Kaninchen-futter" nicht verkneifen. Mich störte das gar nicht, aber Ingrid wurde purpurrot im Gesicht und verhielt sich anschließend so, als müßte sie mich beschützen. Als wir am Nachmittag mit ihrem Hund Bonzo einen kleinen Spaziergang machten, bedankte sie sich nochmals und entschuldigte sich für ihren Vater. Ich aber habe alles sehr genossen, auch wenn ich mich sehr vorsichtig verhielt und noch nicht einmal ihren Arm nahm.

Ein neuer erfolgreicher Versuch

Im Auto dann auf der Rückfahrt nach Aachen brachte ich endlich die Worte heraus, die ich schon hundertmal in Gedanken wiederholt hatte: Ich fragte Ingrid, ob wir uns nicht duzen sollten. Zu meiner Freude ging sie gleich darauf ein, leider war es während der Fahrt nicht mög-lich, dies mit einem Kuß zu besiegeln.

Ich hatte eine neue Freundin und empfand dies als ein Geschenk des Himmels. Und dann noch eine Pastorin, wo es die zu der Zeit in den meisten Landeskirchen noch gar nicht gab. Die Rheinische Kirche hatte in dieser Hin-sicht eine Vorreiterrolle übernommen.

Von nun an suchte ich so oft es ging ihre Nähe, auch machten wir Ausflüge ins nahegelegene Holland, wo es viele Chinarestaurants gab. Und auf der Rückfahrt von dort wagte ich es zum ersten Mal, sie zu küssen, auch wenn ich sehr unsicher war, ob eine Pastorin dergleichen nicht besonders streng sehen würde. Doch ich konnte be-ruhigt sein: Sie war ebenso aufgeregt wie ich.

Nach jemandem wie ihr hatte ich mich als Auslän-der immer gesehnt: eine wunderschöne und nette Frau, mitfühlend, warmherzig und niemals nachtragend. Und was ich ebenso an ihr schätzte, war ihre Fähigkeit zu logischem Denken. Sie konnte Dinge sehr nüchtern analysieren, hatte aber auch keine Probleme damit, einmal alle Fünfe gerade sein zu lassen.

Von meinem ersten Monatsgehalt erfüllte ich mir einen Traum: Ich kaufte mir ein Cello und suchte mir einen Lehrer. Das zweite Monatsgehalt war für meinen ersten „Auslands"-Urlaub, den ich im August in Kärnten verbringen wollte. Den hatte ich bereits vor meiner näheren Bekanntschaft mit Ingrid gebucht.

Kurz vorher fuhr ich mit ihr nach Roetgen und zeigte ihr Dr. Gonsers Haus, in dem ich meine Doktorarbeit geschrieben und mich auf die Prüfung vorbereitet hatte. Wir genossen die Wärme des Sommers und die Ruhe, und meine Sehnsucht nach ihr wurde immer größer. Doch war es für mich nicht so einfach, einer Pastorin näherzukommen. Doch zu meiner großen Freude und Erleichterung duldete sie nicht nur meinen Kuß, sondern erwiderte ihn sogar. Diesen Tag, an dem ich zum ersten Mal mit ihr schlief, werde ich mein Leben lang nicht vergessen, so glücklich war ich.

In den folgenden Wochen waren wir urlaubsbedingt getrennt: Erst fuhr ich mit meinem alten Auto nach Kärnten, eine abenteuerlich lange Fahrt, die mein Wagen mit seinen 23 ½ PS jedoch mühelos bewältigte. Wir schrieben uns täglich, einmal trafen wir uns sogar für wenige Minuten auf dem Bahnhof in Villach, als Ingrid auf dem Weg in ihren Urlaub in Jugoslawien war. Doch waren wir sehr froh, als wir uns dann endlich in Aachen wieder in die Arme schließen konnten.

Eine eigene Wohnung

Da ich nun nach der Promotion besser verdiente und eine feste Freundin hatte, war ich der Ansicht, daß ich nach vollen sechs Jahren bei Fuhrs eine eigene Wohnung haben müßte. Es war nicht ganz einfach, etwas passendes zu finden, und ich bedauerte auch sehr, das Haus von Pfarrer Fuhr zu verlassen. Vor allem die Kinder und das lärmende Durcheinander am Morgen fehlten mir. Ich hatte nur ein einfaches Zimmer mit Kochnische in einer Wohnung, die der Kirchengemeinde gehörte.

Für ein Jahr war ich noch am Institut, doch hielt ich es für angebracht, nach einer festen Stelle für die Zeit danach Ausschau zu halten.

Erste Wahl in Deutschland war die *Kraftwerksunion* (KWU) in Erlangen, ein zu Siemens gehörendes Unternehmen. Ich habe mich dort vorgestellt, und die KWU hatte großes Interesse, mich nach meiner Zeit in Aachen einzustellen. Doch wenn ich recht überlegte, was ich wirklich wollte, so war dies eine akademische Laufbahn und kein Posten in der Industrie, dem Wissenschaftsministerium oder der Forschungsgemeinschaft.

In den USA wurden damals Wissenschaftler sofort nach der Promotion als *Assistant Professor* eingestellt, schlimmstenfalls arbeitete man als *Postdoc (postdoctorial research associate)* und ging dann als *Assistant Professor* zu irgendeiner Universität.

Ich las in einer Physiker-Zeitschrift, daß das *Ames Laboratory of Atomic Energy Research* in Ames, Iowa einen *Assistant Professor* suchte. Ich bewarb mich, auch wenn die Frist bereits abgelaufen war. Prompt erhielt ich vom Abteilungsleiter Metallurgie der *Iowa-State University of Science and Technology* die Mitteilung, daß die ausgeschriebene Stelle schon lange vergeben sei, doch er fragte, ob ich nicht als *Postdoc* für ein Jahr nach Ames kommen wollte. Während dieser Zeit könnte man gemeinsam nach weiteren Stellen suchen, und vielleicht würde ja auch in Ames eine neue eingerichtet. Das sei vielversprechender, als von Deutschland aus eine Stelle zu suchen. Also sagte ich im Frühjahr 1966 zu, im September nach Ames zu kommen und mein Glück als Hochschulprofessor in den USA zu suchen, auch wenn dort diese Positionen lange nicht so angesehen waren wie in Deutschland.

Natürlich hatte ich alles mit Ingrid besprochen, und wir hatten beschlossen, daß sie gleich nachkommen sollte, wenn ich eine richtige Stelle bekäme. Ich ging davon aus, daß dies zwei bis drei Jahre dauern könnte.

Aber auch als *Assistant Professor* hatte man keine Dauerstelle: Nach etwa 5 bis 6 Jahren würde man für weitere 7 bis 8 Jahre *Associate Professor*, bevor der *Full Professor* mit *Tenure* folgte. Doch behielt man diesen Titel nur während der aktiven Zeit.

Eine deutsche Pastorin und ein Ausländer

So sehr ich es mir auch gewünscht hätte, mit Ingrid in die USA zu gehen, war uns beiden doch klar, daß es mindestens zwei Jahre dauern würde, bis sie nachkommen könnte. Also erschien es uns sinnvoll, daß sie sich in Deutschland um eine Pfarrstelle bewarb, und so wurde sie dann auch von der Kirchengemeinde Oberhausen angenommen. Im April 1966 sollte ihr Dienst beginnen.

Für ihren Einführungsgottesdienst suchte ich meinen schönsten Anzug und die schönste Krawatte aus und fragte Pfarrer Fuhr, ob er mich in seinem Auto dorthin mitnehmen könnte. Da erhielt ich eine Antwort, über die ich mich mein Leben lang ärgerte: Der Superintendent des Kirchenkreises Oberhausen hatte nämlich Pfarrer Fuhr gegenüber geäußert, es sei besser, wenn ich nicht bei der Einführung in der Gemeinde dabei wäre. Ich war sprachlos und maßlos enttäuscht. Ich fragte nicht weiter nach den Gründen, ging aber davon aus, es müßte an meiner fremden Nationalität liegen. Vielleicht wurde dies aber auch in einem Nebensatz erwähnt, denn ich fragte mich voller Wut, wie ein hoher evangelischer Würdenträger so fremdenfeindlich sein konnte. Natürlich war ich Koreaner und sah anders aus. Aber ich war doch auch seit mehr als zehn Jahren praktizierender Christ und außerdem ein anerkannter Wissenschaftler!

Mit Tränen in den Augen ging ich einfach davon und fühlte mich zutiefst verletzt – nicht zuletzt von Pfarrer Fuhr, dem Überbringer der Nachricht.

Erst am nächsten Morgen fuhr ich von Aachen nach Oberhausen, und Ingrids erste Frage war, warum ich nicht zu dem Einführungsgottesdienst gekommen war. Ich spürte ihre Enttäuschung und teilte ihr betreten den Grund mit. Da wurde auch sie so wütend, daß wiederum ich sie trösten mußte. Wir dachten, ein langer Spaziergang und ein gutes Essen würden uns guttun. Aber wo hätten wir uns sehen lassen können, ohne schief angeschaut zu werden? Also gingen wir in Duisburg essen und in einem Essener Park spazieren. Bis zu meinem Abflug in die USA habe ich Ingrid mehr als zwanzigmal in Oberhausen besucht, aber wir haben uns dort nie als Paar gezeigt.

Daß ich mir die Ausländerfeindlichkeit von Ingrids Superintendenten nicht nur eingebildet hatte, bestätigte sich überdeutlich im Juli 1966 kurz vor unserer Verlobung.

Pfarrer Fuhr übermittelte mir den Wunsch des Superintendenten des Kirchenkreises „An der Aggersee", daß er mich gern bei sich zu Hause in Marienheide in der Nähe von Meinerzhagen, wo er wohnte, sehen würde. Ich war ein wenig irritiert, da ich den Herrn gar nicht kannte, doch machte ich mich zur verabredeten Zeit auf den Weg. Wegen des starken Verkehrs war ich so voller Sorge, mich zu verspäten, daß ich sogar einen Strafzettel wegen zu schnellen Fahrens erhielt. Dennoch kam ich rechtzeitig an.

Nach einer kurzen Begrüßung nahmen wir im Wohnzimmer Platz, und der Superintendent, dessen Alter ich auf Ende Fünfzig schätzte, sprach mit mir locker über meine Herkunft, mein Studium und manch anderes. Ich versäumte auch nicht, meine kirchliche Tätigkeit zu erwähnen. Dann wurde er mit einem Mal sehr ernst und sagte: „Herr Rie, Sie sind aus Korea, Ingrid ist aus Deutschland. Es geht doch nicht, daß Sie heiraten, rein biologisch geht's nicht!" Und seine Frau pflichtete ihm sofort energisch bei: „Sie möchten doch auch einmal Kinder haben. Wir haben auch Kinder. Und – wie wird das Kind von Ihnen? Es ist ja weder Koreaner noch Deutscher. So geht es doch einfach nicht! Bitte überlegen Sie sich das alles noch einmal!!"

Da wurde mir klar, daß es sich um eine einstudierte Rolle handelte, um meine Heirat mit Ingrid zu verhindern. Der Superintendent ergriff gleich wieder das Wort und erzählte, wie gut er Ingrid kenne, die sein Kirchenkreis während ihres Studiums finanziell unterstützt hatte:

„Sie ist ein zartes, empfindsames Mädchen, das die raue Welt nicht kennt. Bitte lassen Sie die Finger von ihr. Das rate ich Ihnen sehr." Allmählich stieg in mir die Wut hoch, denn so etwas hätte ich von einem evangelischen Pastor, schon gar einem Superintendenten nicht im Traum erwartet. Verstört wußte ich nicht, was ich antworten sollte. Und dann tat ich etwas, was viele andere in Deutschland nicht getan hätten: Ohne meine maßlose Wut auch nur zu zeigen, sagte ich lediglich: „Vielen Dank für Ihren Rat. Ich muß jetzt nach Hause. Es ist ein langer Weg." Kurz angebunden verabschiedete ich mich und ging zu meinem Auto. Ich war wütend, daß mir ein Würdenträger der Evangelischen Kirche die Rassenlehre des „Dritten Reiches" verkaufen wollte. Und ich dachte, daß ich in Deutschland keine Chance hätte, wenn alle Menschen so ähnlich dächten. Wie gut war es, daß ich mein Leben in den USA ganz neu aufbauen wollte.

Ich muß an dieser Stelle ausdrücklich betonen, daß ich in meiner ganzen wissenschaftlichen Tätigkeit bis zu dem Zeitpunkt nur Positives erfahren hatte. Meine Kollegen waren immer aufopfernd hilfsbereit, freundlich und allzeit entgegenkommend gewesen. Vielleicht schmerzte mich deshalb diese Erfahrung ganz besonders.

Kaum zurück in Aachen berichtete ich Ingrid telefonisch von meinem Besuch. Sie kannte den Superintendenten ja, hielt ihn aber für einen unmöglichen Quatschkopf. Hätte ich ihr vorher von der Einladung berichtet, hätte sie mir dringend von der Fahrt abgeraten.

Es stimmt schon, daß ich Ingrid hätte informieren sollen. Dennoch blieb es mir rätselhaft, welche Rolle Pfarrer Fuhr in dieser Angelegenheit spielte. Hatte er von der erzkonservativen, rassistischen Einstellung seines Amtskollegen gewußt. Vielleicht wollte ich ihn nur nicht in Verlegenheit bringen und habe deshalb nicht nachgefragt.

Nun stand auch der Termin für meine Abreise in die USA fest: Am 13. September 1966 startete der Flug von *Icelandair* nach Reykjavik. Es war auch ein 13. September gewesen, als ich aus Korea in Deutschland ankam. Bis dahin wollten Ingrid und ich möglichst viel Zeit miteinander verbringen und vielleicht auch einige Reisen machen.

Neben unseren häufigen Fahrten nach Holland fuhren wir auch in Richtung Würzburg, Bamberg und Bayreuth. Natürlich nahmen wir in Gasthöfen immer zwei Zimmer, ohnehin schauten die meisten Wirte uns ein wenig schief an. Das ging uns auch nach unserer Heirat noch so, und einmal in Landau hat ein Wirt zuvor unsere Ausweise intensiv studiert.

Der Tag des Abschieds rückte immer näher, und ich wurde immer trauriger. Der Gedanke, Ingrid für mindestens zwei oder sogar drei Jahre nicht wiederzusehen, war mir unerträglich, zumal wir uns wirklich sehr liebten und niemals getrennt hätten. Also schlug ich vor, daß wir uns noch vor meinem Abflug verloben sollten. Mit Tränen in den Augen willigte Ingrid ein und schlug als Termin den 8. August, den Geburtstag ihrer Mutter, vor. So feierten wir an dem Tag unsere Verlobung in Waldbröl. Und auch Pfarrer Fuhr hatte es mit seiner Frau rechtzeitig geschafft, daran teilzunehmen.

Wie wir in den Besitz unserer Verlobungsringe gekommen waren, ist eine ganz eigene Geschichte. Einmal war ich mit Ingrid kurz vor Karneval in Mainz, und ich erinnerte mich an das Buch „Die Fastnachtsbeichte" von Carl Zuckmayer, das sie mir einmal gegeben hatte. Ich hatte es sehr spannend und interessant gefunden. Also schauten wir uns in Mainz genau diese Kirche und den Beichtstuhl an. Als wir anschließend andächtig vor dem Mainzer Dom saßen, entschlossen wir uns spontan, Verlobungsringe zu kaufen. In einem Juweliergeschäft gegenüber des Doms wurden wir fündig – und waren so schon sehr frühzeitig in den Besitz unserer Eheringe gelangt.

Abschied von Aachen

Nach unserer Verlobung benachrichtigte ich meinem Chef Professor Lücke und meinen kurz zuvor zum außerplanmäßigen Professor ernannten Freund Stüwe, daß ich am 13. September Deutschland verlassen und in die USA gehen würde.

Zu einem Abschiedsessen wurden Ingrid und ich von Professor Lücke zu sich nach Hause eingeladen. Seine Frau war Amerikanerin und erzählte uns von den dort herrschenden anderen Sitten und Gebräuchen. Und sie forderte besonders Ingrid auf, mir so bald wie möglich zu folgen.

Professor Stüwe und seiner Frau hatte ich ja auch meine allererste Einladung in Deutschland zu verdanken gehabt, und beide freuten sich riesig über unsere Verlobung. Und er war letztlich auch dafür verantwortlich, daß ich meine Lebensplanung später radikal änderte und nicht in Amerika blieb, nachdem er wenige Monate später einen Ruf nach Braunschweig erhielt. Doch dies war damals für mich noch in weiter Ferne.

Als ich dann meine Koffer packte, wurden all meine Erinnerungen lebendig. Bis auf wenige Ausnahmen hatte ich nur Schönes erlebt, ich hatte meine anfängliche Einsamkeit überwinden können und fast sechs Jahre lang in einer großen Familie gelebt – fast wie in Korea. Und zur Familie Fuhr war dann noch eine Person hinzugekommen, die ich nicht mehr missen und eigentlich immer bei mir haben wollte. Es tat mir weh, mich von Ingrid für zwei oder drei Jahre verabschieden zu müssen, und ich machte mir große Sorgen. Ihrer Liebe allerdings war ich mir sicher.

Und auch die Freunde, Bekannten und Mitarbeiter

Familie Fuhr mit Ingrid und mir vor dem Abflug in die USA

im Institut mußte ich zurücklassen. Sie hatten mich so freundlich aufgenommen und mir geholfen, mir als exotischem Fremden aus einem damals noch unterentwikkelten asiatischen Land. Und bis auf die wenigen oben erwähnten Ausnahmen bin ich niemals mit der damals ja noch weitverbreiteten Ausländerfeindlichkeit konfrontiert worden. Und all dies sollte ich nun zurücklassen!

Auch war ich mir gar nicht sicher, wie man mich in den USA aufnehmen würde, doch träumte ich davon, eines Tages als erfolgreicher Wissenschaftler nach Aachen zurückzukehren und der Familie Fuhr, meinem „Vati" und meiner „Mutti" stolz gegenübertreten zu können. Vielleicht war dies eine etwas kindliche Vorstellung.

Mein Vater erfuhr von meiner Promotion durch meine Schwester und meinen älteren Bruder, mit denen ich die ganze Zeit über einen regen Briefwechsel pflegte. Sie teilten mir auch mit, wie sehr mein Vater sich gefreut habe und wie stolz er war. Immer hatte mein Vater an mich geglaubt.

Wie er über meine Pläne einer Karriere in den USA dachte, erfuhr ich nie. Vielleicht hatte er ja gehofft, ich würde nach guter koreanischer Sitte, die auch heute noch gilt, zurückkehren und der damals recht armen Familie helfen.

3. Die Suche nach dem Glück?

Allein in die USA

Auf den Tag genau sieben Jahre nach meiner Ankunft in Deutschland verließ ich am 13. September 1966 Deutschland in Richtung USA.

Natürlich hatte Ingrid darauf bestanden, mich in ihrem Auto zum Flughafen in Luxemburg zu bringen, von wo aus es mit *Icelandair* über Reykjavik nach New York gehen sollte. Von dort flog ich weiter nach Chicago und dann mit einem kleinen Regionalflugzeug nach Ames in Iowa, was noch etwa eine Stunde dauerte. Natürlich war Ingrid sehr traurig, daß ich sie schon wenige Wochen nach unserer Verlobung allein ließ. Ich verstand sie nur zu gut und vermochte sie kaum zu trösten. Auch ich spürte, daß ich etwas zurückließ, das ich sehr vermissen würde. Und dies bewahrheitete sich in den USA ganz schnell.

Nach pünktlicher Ankunft holte mich Prof. Carlson, der Leiter des *Department of Metallurgy*, am Flughafen in Ames ab. Mit ihm hatte ich auch von Deutschland aus korrespondiert. Ich gehörte zwar zur Universität, arbeitete aber in einer dieser angeschlossenen Forschungseinrichtung, dem *Atomic Energy Research Institute, Ames Laboratory*. Selbstverständlich hatte man dort einen eigenen Forschungsreaktor. Die Professoren waren in der Regel zugleich Mitarbeiter dieses Instituts, ähnlich wie es bei der TH Aachen und der KFA Jülich der Fall war.

Mein Gruppenchef war Prof. C. W. Chen, der aus

China stammte. Er überließ ganz mir die Wahl meines Arbeitsthemas, und rasch entschied ich mich, bestrahlte Proben mit dem Elektronenmikroskop zu untersuchen, um Strahlenschäden bzw. die von Strahlen hervorgerufenen Gitter-Defekte festzustellen. Zum Glück gab es ein ordentliches, wenn auch altertümliches Elektronenmikroskop, mit dem man allerdings nicht schnell arbeiten konnte, weil statt Filmen Fotoplatten verwendet wurden, die man häufiger erneuern mußte. Aber ich hatte ja keine andere Wahl, und in meiner Zeit in Ames habe ich viele Versuche gemacht, viel gelernt und viele Aufnahmen angefertigt. Am Ende war ich doch recht stolz.

Etwa eine Woche nach meiner Ankunft in Ames stand mir ganz plötzlich ein Koreaner im Labor gegenüber. Auf meine Frage hin berichtete er, daß er kurz zuvor an dieser Universität in theoretischer Physik promoviert habe. Da sein Professor ihm von einem neuen asiatisch aussehender Mann erzählt hatte, war er neugierig geworden. Und als er hörte, daß ich zwar aus Deutschland kam, aber doch gebürtiger Koreaner war, sprang er vor Freude fast in die Luft. Mit diesem Dr. K.-H. Lee traf ich mich dann sehr oft, er war außerordentlich nett und hilfsbereit. Nicht zuletzt wegen seiner Unterstützung habe ich die schwierige Anfangszeit in der fremden Umgebung sehr gut überstanden und mich rasch in den USA akklimatisiert. Schon nach vier Wochen kaufte ich mir einen Wagen: Natürlich wieder einen VW-Käfer, der zwar bereits fünf Jahre alt war, jedoch noch recht gut aussah und ohne Probleme fuhr. Nunja, ganz stimmt das nicht: Der Wagen hatte einen extremen Öldurst, so daß ich immer einen Reservekanister mitnehmen mußte.

Ein verlockendes Angebot

Im Dezember erhielt ich ganz unerwartet ein Schreiben von Prof. Stüwe aus Aachen, der mich darüber informierte, daß er einem Ruf der TH (TU) Braunschweig folgen und am 1. April 1967 dort anfangen werde. Und er fragte mich, ob ich nicht mit ihm zusammen in Braunschweig arbeiten wollte, da wir uns so gut kennen würden und in der Vergangenheit ausgezeichnet zusammengearbeitet hatten.

Über dieses Angebot habe ich mich natürlich riesig gefreut und war auch besonders dankbar, daß man mich in Deutschland nicht vergessen hatte. Trotzdem war ich etwas irritiert, denn ich hatte in Aachen ja gesagt, daß ich wegen einer akademischen Karriere in die USA ging. Mein Wunsch war es, Hochschulprofessor zu werden, und in Deutschland hatte ich als Ausländer diesbezüglich keine Chancen, während in den USA schon viele Professoren aus Japan, Korea oder China stammten.

Doch gab mir der Brief Anlaß, über meine Wünsche und meine Zukunft nachzudenken. Nach einigen Tagen intensiver Überlegungen wußte ich genau, was vor einer eventuellen Rückkehr nach Deutschland geklärt werden müßte. So antwortete ich Prof. Stüwe, daß ich gern mit ihm nach Braunschweig ginge, wenn er mir in Deutschland die Gelegenheit zur Habilitation geben würde. Das erschien mir das wichtigste zu sein. Ob ich später außerplanmäßiger, außerordentlicher oder ordentlicher Professor würde, war demgegenüber zunächst einmal zweitrangig.

Prof. Stüwe antwortete mir postwendend, daß ich selbstverständlich Gelegenheit erhielte, in Braunschweig zu habilitieren. Er ging davon aus, daß ich im Herbst

1967 meine Tätigkeit in Ames beenden würde. Von dieser Nachricht war ich begeistert und fuhr zur Feier des Tages 30 Meilen bis Des Moines, um dort in einem China-restaurant allein zu feiern.

Das dringlichste allerdings war nun, Ingrid zu schreiben und ihr die neue Entwicklung mitzuteilen.

Heiratsantrag in den USA

Ich fand es eine gute Idee, Ingrid so bald wie möglich in die USA zu holen. Ich schlug ihr vor, dort dann standesamtlich zu heiraten und ein halbes Jahr später nach Deutschland zurückzukehren. Ich erkundigte mich genauestens und schlug ihr vor, am 27. April einzureisen. Dann könnten wir am nächsten Tag im zehn Kilometer entfernten *County Office* in Boone erscheinen und die Heiratslizenz beantragen. Drei Tage betrug die Wartezeit, also würden wir am 1. Mai vor den Friedensrichter treten können. Eine „Wedding Party" wollte ich mit Kollegen vorbereiten. Kirchlich könnten wir dann später in der Aachener Dreifaltigkeitskirche heiraten. Ingrid war von diesem Vorschlag hellauf begeistert und wollte rechtzeitig den Kirchenkreis Oberhausen um Entlassung aus dem aktiven Dienst bitten.

Ich ging wie auf Wolken, denn all meine Wünsche schienen in Erfüllung zu gehen: Eine schon so bald mögliche Hochzeit mit Ingrid, eine akademische Laufbahn in Deutschland – auch wenn dies viel schwieriger war als in den USA – und nicht zuletzt die Rückkehr zu so vielen Freunden und Bekannten.

Alle Kollegen unseres Departments waren wegen dieser Hochzeit aufgeregt und fragten mich bei jeder Gelegenheit, wie sie behilflich sein könnten. Und sie planten in allen Einzelheiten eine große Party für den Abend nach der Zeremonie im Haus von Prof. Tom Scott.

Ich dankte ihm für alles, bat aber darum, die Kosten der Bewirtung tragen zu dürfen. Und er verstand, daß ich die Freunde zu unserer Hochzeit einladen wollte. In einem der staatlichen Alkoholläden fand ich sogar Rheinwein und kaufte davon gleich fünf Kartons.

An den nächsten Abenden schleppte mich ein etwas jüngerer Doktorand, der aber bereits verheiratet war, in verschiedene Kneipen, in denen Frauen halbnackt auf der Bühne tanzten. Für die amerikanischen Verhältnisse im Mittelwesten war dies schon außergewöhnlich. Der Kollege war der festen Überzeugung, daß ich diese Art von Kneipen nach meiner Hochzeit wohl kaum noch besuchen dürfte.

Nicht mehr allein

Täglich wechselte ich mit Ingrid Briefe. Sie schied zum 1. Mai 1967 aus dem Dienst der Rheinischen Kirche aus und wollte pünktlich am 27. April in Des Moines ankommen. Ich bedauerte sehr, daß sie meinetwegen ihre Arbeit, die ihr so viel bedeutete, aufgeben mußte, und ich wollte ihr nach Kräften helfen.

Ich hielt in Ames nach einer für sie passenden Stelle Ausschau, erfuhr aber zu meiner großen Enttäuschung, daß es bei den Methodisten dort noch keine Pastorin gab und sich dies wohl auch nicht so bald ändern würde. Iowa war eben ein sehr konservatives Land, dessen Bevölkerung zum größten Teil aus Farmern bestand. Auch in der Baptistenkirche war es nicht besser.

Dann war es endlich soweit: Pünktlich gegen 17 Uhr landete Ingrid in Des Moines. Ich begrüßte sie etwas

schüchtern mit einem Kuß, den sie aber deutlich leidenschaftlicher erwiderte. Sie zeigte wenigstens, wie sehr sie
mich vermißt hatte, während ich mal wieder versuchte,
meine Gefühle zu verbergen.

Beim anschließenden Essen in einem Chinarestaurant machte ich dann den Fehler meines Lebens. Mehr
als sieben Monate hatten wir uns nicht gesehen, und was
schlug ich vor? Ich schlug vor, wir sollten uns bis zur
Party nur noch auf Englisch unterhalten. Ich sagte dies
in der besten Absicht, wollte ich doch nur, daß Ingrid
in die Sprache hineinkam und sich mit allen unterhalten
konnte. Ich begriff einfach nicht, wie sehr sie das Verlan-
gen hatte, mit mir über ihre Gefühle der letzten Monate
zu reden. Als wir uns 20 Jahre später die Bilder nochmals
anschauten, gestand sie, daß sie damals am liebsten auf
der Stelle wieder zurückgeflogen wäre.

Ich war davon ausgegangen, daß Ingrid im Gymnasium mindestens fünf oder sechs Jahre Englisch gehabt
hätte, doch bestanden ihre Sprachkenntnisse vor allem in
Latein, Griechisch und Französisch. Englischunterricht
hatte sie nur ein Jahr gehabt. Doch das erfuhr ich erst
viele Jahre später.

Zwar führte mein Vorschlag dazu, daß Ingrid in den
drei Tagen bis zur Hochzeit sich so an die englische
Sprache gewöhnte, daß sie sich tatsächlich mit allen
Hochzeitsgästen prächtig unterhalten konnte. Trotzdem
schäme ich mich noch heute, mich damals wie ein Kinds-
kopf benommen zu haben.

Am 28. April 1967 waren wir dann im für Ames zuständigen *Office of County* in Boone. Wir mußten uns noch
im Krankenhaus Blut abnehmen lassen, da man nur
eine Heiratslizenz bekam, wenn man keine Geschlechts-
krankheiten hatte. Und drei Tage später, am 1. Mai, der

Prof. T. Scott bediente uns bei der Hochzeitsfeier

in den USA kein Feiertag war, konnten wir dann heiraten. Schönerweise hatten wir später in Deutschland unseren Hochzeitstag immer an einem Feiertag. Zumindest konnte man den Tag nicht so leicht vergessen!

Als wir am 1. Mai dann mit unserem Trauzeugen vor dem Friedensrichter standen, schaute er erstaunt und fragte nach dem zweiten Trauzeugen. Davon hatte ich gar nichts gewußt und war entsprechend verlegen. Doch die Lösung des Problems war nah, denn die Frau des Friedensrichters stand kurz darauf als zweite Trauzeugin neben uns. Schon oft hatte sie wohl in solchen Situationen einspringen müssen, und für uns war sie die Rettung. Nach dem Tausch der Ringe küßten wir uns leidenschaftlich. Ich war so glücklich, Ingrid zur Frau bekommen zu haben, daß ich in Zukunft alles tun wollte, damit auch sie glücklich würde.

Ich benachrichtigte meinen älteren Bruder und meine

Schwester von der Hochzeit, und die Kunde verbreitete sich unter der Verwandtschaft in Korea wie ein Lauffeuer.

Am Abend fand dann die große „Wedding Party" bei Prof. Tom Scott statt, der lange Tisch war für 40 Gäste gedeckt. Wir aßen und tranken alle reichlich von dem deutschen Wein. Gegen Mitternacht wollten wir dann zu unserem Hotel fahren, doch als wir im Auto saßen und ich Gas gab, bewegte es sich keinen Zentimeter.

Zwei starke Kerle hatten meinen Käfer hinten einfach hochgehoben. Als sie den Wagen dann wieder absetzten und wir endlich losfuhren, gab es einen Höllenlärm. Ich war zunächst heftig erschrocken, sah dann aber im Rückspiegel, daß alle Gäste klatschten und vor Vergnügen johlten. Mit einer langen Kette leerer Dosen, die hinten am Auto befestigt war, fuhren wir bis in die Stadtmitte.

Angeblich bin ich dann torkelnd zur Rezeption gegangen und habe laut verkündet: „I have just married!", doch an viel kann ich mich nicht mehr erinnern. Ich weiß nur noch, daß es in der Nacht derart kalt war, daß es mir trotz zweier Decken nicht gelang, Ingrid aufzuwärmen.

Hochzeitsreise in den Westen

Gleich am nächsten Morgen nach dem Frühstück packten wir die Koffer für unsere Hochzeitsreise, die uns im Auto nach Westen, möglichst bis Kalifornien führen sollte. Und warum sollte der VW-Käfer nicht auch die Rocky Mountains schaffen, wenn ich nur genügend Öl mitnahm? Als wir nach der ersten Übernachtung in Nebraska wieder weiterfahren wollten, gab es ein derart dichtes Schneetreiben, daß wir nach 30 Meilen aufgaben. Es war schon bizarr, im Mai dick mit Schnee bedeckte blühende Fliederbüsche zu sehen. Dieser Schnee begleitete uns auch bis Denver und in die Nationalparks am Fuße der Rocky Mountains. Überqueren konnten wir die Berge allerdings nicht, da alle Pässe gesperrt waren. Wir übernachteten in Estes Park und besuchten den Rocky-Mountain-National-Park. Weiter ging es durch Wyoming mit seinem endlosen Weideland. In South Dakota mußten wir feststellen, daß die Sommersaison offensichtlich noch nicht begonnen hatte und alle Läden und Restaurants noch geschlossen waren. Dafür wurde das Wetter sonnig und warm, so daß wir ein richtiges „Wildwest"-Gefühl entwickeln konnten und im Custer-State-Park sogar Büffel vor die Kamera bekamen.

Anschließend konnten wir uns das „Nationalheiligtum" Mt. Rushmore natürlich nicht entgehen lassen. Durch die Badlands ging es dann allmählich zurück, was uns einerseits ein wenig bedrückte, da unsere Hochzeitsreise damit ja zuende ging. Andererseits freute ich mich auch auf ein erstes selbst zubereitetes Essen in unserer ersten gemeinsamen Wohnung.

Im Juni unternahmen wir mit Dr. Lee und seiner Frau einen Ausflug nach Chicago. Dort suchten wir auch den Platz auf, an dem im Dezember 1942 die erste kontrollierte Kernspaltung stattgefunden hatte. Es war nicht mehr als eine kleine Hütte auf einem großen, ganz leeren Fußballplatz. Da die Umgebung auf uns aber einen unheimlichen Eindruck machte, trauten wir uns nicht, auszusteigen und die Hütte zu besichtigen. Dafür waren wir dann im Museum für Naturwissenschaft und amerikanische Geschichte, in dem meine Frau ganze Tage hätte verbringen können. Ebenso war es am Sonntag dann im Guggenheim-Museum, von dem wir aus Zeitmangel aber nur einen kleinen Teil anschauen konnten.

Auf jeden Fall hat Chicago mit seinen vielen Menschen, den Wolkenkratzern und dem Gegensatz zwischen Schwarz und Weiß bei uns beiden einen sehr starken Eindruck hinterlassen. Und wir nahmen uns vor, dort noch einmal hinzufahren.

Alltag und Tornados

Wegen der häufigen Tornados war Ingrid in steter Sorge, zumal es natürlich mein Ehrgeiz war, möglichst rasch viele gute Ergebnisse zu erzielen, weshalb ich auch die Abende oft im Labor verbrachte. Wenn aus einer Tornado-Warnung ein Tornado-Alarm wurde, sollte man sofort den Keller aufsuchen. Und ich konnte bei dem Sturm selbstverständlich nicht mehr nach Hause kommen.

Da ich von der Gefährlichkeit dieser Tornados eigentlich keine Ahnung hatte, fragte ich Professor Petterson von der Abteilung Metallurgie danach. Doch der beruhigte mich mit der Überlegung, daß die Wahrscheinlichkeit, selbst von einem Tornado getroffen zu werden, geringer als eins zu einer Million sei und ich mir keine unnötigen Sorgen machen sollte.

Einen Tag später kam er mit völlig verstörtem Blick in mein Labor und sagte: „Als gestern der Tornado-Alarm im Radio kam, ging ich mit meiner Frau in den Keller und habe etwas gelesen. Irgendwann war es ganz still und wir dachten, der Tornado sei weitergezogen. Doch als wir den Keller verließen, sahen wir direkt über uns den Sternenhimmel. Der Tornado hatte das gesamte Oberteil unseres Hauses weggerissen." Nie wieder habe ich mich mit ihm über Wahrscheinlichkeitsrechnung unterhalten!

Wann immer ich Zeit hatte, unternahmen wir etwas zusammen, gingen in verschiedenen Parks der Umgebung spazieren oder besuchten ein Kino. Die meisten Aktivitäten mußten wir ohnehin in die Abendstunden verlegen, tagsüber war es oft extrem heiß, und ich, der ich in meinem klimatisierten Labor saß, bedauerte Ingrid sehr. Ein wenig entschädigten uns die wirklich stimmungsvollen Sonnenuntergänge und der klare Sternenhimmel.

Auch wenn erst wenige Wochen seit Ingrids Ankunft vergangen waren, informierten wir uns doch schon bald über die Möglichkeiten der Rückreise. Statt eines Flugzeugs wollten wir ein Passagierschiff nehmen, auf dem man nicht nur eine Unmenge Koffer mitnehmen, sondern unterwegs auch mehr als eine Woche einen schönen Urlaub genießen konnte. Das damals größte Passagierschiff, die „Rotterdam", sollte am 18. September von New York zurück nach Rotterdam starten. Es klang so gut, daß wir uns beide gleich dafür begeisterten.

Am 4. Juli, dem amerikanischen Unabhängigkeitstag, waren wir zusammen mit allen anderen Wissenschaftlern bei Professor Spedding, dem Chef des Labors eingeladen. Er wurde als Nationalheld geehrt, da er während des Zweiten Weltkrieges das reine Uran für die Atombomben produziert hatte. Aus Deutschland, der Schweiz, Österreich, Japan, Indien, Korea und Frankreich waren frühere Mitarbeiter gekommen, so daß Englisch bei dieser Gelegenheit die noch am wenigsten gesprochene Sprache war.

Was meine Vorliebe für Konzerte anging, so fuhr ich praktisch da fort, wo ich in Aachen aufgehört hatte. Die Musikabteilung der Universität veranstaltete mindestens einmal im Monat ein Konzert, bei dem man gelegentlich auch andere Deutsche treffen konnte. Besonders freute es mich, als ich das Konzert der *Little Angels* aus Korea hören durfte. Nein, sehen durfte, denn die Kinder unter

15 Jahren haben nicht nur gesungen, sondern auch in koreanischen Trachten getanzt, was sehr eindrucksvoll war und mir unvergeßlich blieb, so sehr verspürte ich eine Art von Heimweh. Und durch das Abonnement der Konzertreihe in Des Moines war es mir möglich, neben dem *Chicago Symphony Orchestra* auch Pianisten wie Wladimir Ashkenazy und Van Cliburn zu hören.

Schon frühzeitig hatten wir beschlossen, etwas Sport zu treiben, und entschieden uns für Tennis. Nicht nur gab es überall Plätze, diese waren abends auch noch beleuchtet, so daß wir in der Abendkühle spielen konnten.

Forschungen in Ames

Die rasche Rückkehr nach Deutschland nach nur einem Jahr tat mir vor allem deshalb leid, weil meine Arbeiten auf dem Gebiet der Strahlenschäden hier noch ganz am Anfang standen und ich die Erwartungen, in Ames grundlegende Arbeit zu leisten, nicht erfüllen konnte. Umso mehr wollte ich etwas für die weitere Arbeit dort zurücklassen.

Ich will kurz ausführen, um was es dabei überhaupt ging.

Während nach dem Zweiten Weltkrieg Uran überall in der Welt in der nötigen Menge und Reinheit hergestellt werden konnte, konzentrierte man sich im Labor von Ames auf die Herstellung von Metallen der seltenen Erden, wie z.B. Samarium (Sm), Terbium (Tb) und Ytterbium (Yb), aber auch auf Übergangsmetalle wie Vanadium (V), Niob (Nb) und Tantal (Ta). Auf diesem Gebiet war Ames damals wirklich weltweit führend.

Daher lag es nahe, Strahlenschäden in diesen Metallen zu untersuchen, zumal es sonst kein Labor gab, das auf diesem Gebiet arbeitete. Strahlenschäden kann man mittels unterschiedlicher Verfahren feststellen: mechanisch, elektrisch, kalorimetrisch und elektronenmikroskopisch. Zu Beginn meiner Arbeit in Ames wendete ich das Verfahren der Elektronen-Mikroskopie an, da es auf den anderen Gebieten keine erfahrenen Mitarbeiter gab. Mein Laborassistent Alan Baker zeigte mir zunächst, wie man eine Probe für das Elektronenmikroskop zurechtpoliert, um dünne Folien zu bekommen, und er führte mich in die Bedienung des Elektronenmikroskops und die Fixierung der beobachteten Gefüge ein.

Manchmal half mir Ingrid beim Polieren der Proben, wenn ich sie wegen einer Tornadowarnung aus Sicherheitsgründen mit in das Labor genommen hatte.

Es gab in Ames auch eine koreanische Gemeinde. Oft trafen wir uns, bereiteten heimatliche Speisen und lernten uns näher kennen. Manche der dort arbeitenden koreanischen Wissenschaftler traf ich viele Jahre später wieder, sei es Dr. Kwon bei meinem ersten Besuch in Korea 1975, oder Dr. Lee, der unser Trauzeuge gewesen war, im Jahre 2007 in Braunschweig.

Nachdem wir fristgerecht am 6. September unsere Wohnung geräumt hatten, blieben wir bis zum 14. September in einem Motel. Es war sehr praktisch, da all unsere Habe, die Indianer-Keramiken, die Decken, Wandteppiche sowie die Fotoplatten meiner Versuche in zwei großen Überseekoffern verstaut waren. Es war wunderbar, nicht auf das Gewicht achten zu müssen.

Über New York nach Deutschland zurück

Am 14. September gab ich im Institut meinen letzten Bericht ab, bevor wir uns herzlich von allen Freunden dort verabschiedeten. Tom brachte uns nach Des Moines zum Bahnhof, und mit ihm verschwand dann auch das letzte Stück Ames. Wir brauchten einige Zeit, um unsere Gedanken von der Stadt und den letzten Ereignissen dort zu lösen. Wir waren recht irritiert, als auf dem Weg nach Chicago zwei Polizisten mit jungen Kerlen zustiegen, die mit Handschellen an die Seitenlehne der Sitze gefesselt wurden. Später kam noch ein dritter Gefangener hinzu, und in Chicago mußten alle drei eine Kette bilden und vor den anderen Fahrgästen aussteigen. Niemand außer uns wunderte sich, man schien an so etwas gewöhnt zu sein. Der Bahnhof in Chicago war sehr groß, aber auch sehr dreckig.

Die Weiterfahrt nach New York war mehr als unbequem, und wir waren dankbar, den Zug abends gegen neun Uhr verlassen zu können. Zum Glück war unser Zimmer im *Sheraton Atlantic Hotel* groß und mit einer tollen Badewanne versehen. Wir bummelten noch durch die Straßen zum Empire State Building und den Broadway entlang. Zwei Tage lang erkundeten wir New York auf eigene Faust und mit einem Sightseeing-Bus, wir sahen Chinatown, die Freiheitsstatue und das Rockefeller-Center.

Wir hofften, daß uns das schöne Wetter auch auf der Überfahrt erhalten bleiben würde.

Am 18. September 1967 ging es mit Handkoffern zum Pier 40, wo die „Rotterdam" der *Holland-America-Line* lag, ein neueres Passagierschiff von etwa 40.000 Bruttoregistertonnen. Dank frühzeitiger Reservierung hatten wir eine Außenkabine mit allem Komfort. Besonders die Mahlzeiten, bei denen zweimal am Tag jeweils 350 Passagiere bedient wurden, hatten es uns angetan. Das Dinner bestand immer aus einem Festessen mit neun Gängen. Was uns beiden besonders viel Freude bereitete, war das Mitternachtsbüffet. Jede Nacht um exakt null Uhr wurde das bestens vorbereitete Büffet mit Kerzen und Feuerwerk für die Passagiere angerichtet. Es gab einen Gymnastikraum (den zu benutzen ich allerdings viel zu faul war), aber auch ein Schiffskino, so daß das Bordleben nie langweilig oder eintönig wurde. Nach etwa fünf Tagen Fahrt stand die Ankunftszeit in Rotterdam fest, und wir schickten Michael Fuhr ein Telegramm, da er sich angeboten hatte, uns abzuholen. Bei unserer Ankunft wartete er dann auch schon auf uns und brachte uns nach Aachen, wo uns die ganze Familie Fuhr sehr herzlich empfing. Und auch Ingrids Eltern freuten sich sehr, uns gesund wiederzusehen.

4. Zurück nach Deutschland

Schwieriger Start

Am 29. September fuhren wir erstmals nach Braunschweig, unserer neuen Heimat. Wie lange wir hier sein würden, wußten wir damals absolut nicht. Es wurde aber sehr, sehr lange …

Unsere Versuche, bereits von den USA aus über Inserate eine Wohnung zu finden, waren erfolglos geblieben, so daß wir zunächst im Gästehaus Wagner direkt an der Hochschule unterkamen. Da meine Frau Ingrid in der unierten Kirche im Rheinland als Pastorin tätig gewesen war und in Braunschweig die lutherische Kirche vorherrschte, mußten wir uns entsprechend umstellen. Dennoch waren wir zuversichtlich, daß Ingrid vielleicht auch hier eine Stelle als Pastorin finden würde. Also suchte sie das Landeskirchenamt in Wolfenbüttel auf und stellte sich bei den Oberkirchenräten Wedemeyer und Brinkmeyer vor. Wie groß war ihre Enttäuschung, als sie erfuhr, daß es in Braunschweig noch kein Pastorinnen-Gesetz gab und sie nur Schulunterricht hätte geben können. Bei ihren weiteren Erkundigungen wegen einer Lehrtätigkeit ergab sich wenigstens, daß wir vorübergehend im Katechetischen Amt wohnen konnten. So zogen wir in die Holbeinstraße, und ich begann am 2. Oktober meinen Dienst.

Da wir in den USA nur standesamtlich geheiratet hatten, wollten wir wie geplant die kirchliche Trauung nun in

Aachen am 28. Oktober nachholen. Neben den Verwandten kam auch eine Abordnung von Ingrids ehemaliger Gemeinde in Oberhausen, ebenso wie mein Lehrer Prof. Lücke, worüber wir uns riesig gefreut haben. Und da auch viele meiner früheren Kollegen und Studenten aus Aachen erschienen, war diese Hochzeit in gewisser Weise auch eine Wiedersehensfeier.

Den Höhepunkt des Festes bildete ein Diavortrag über unsere Hochzeitsreise in den mittleren Westen der USA. Es war kurios und höchst amüsant, daß die frisch Vermählten an ihrem Hochzeitstag über die bereits erfolgte Hochzeitsreise berichteten.

Schon am 1. November ging es zurück nach Braunschweig, weil wir weiter nach einer Wohnung suchen mußten. Angebote außerhalb in Richtung der damaligen Zonengrenze waren für uns wenig verlockend, denn das Land wirkte dort vernachlässigt und ungepflegt, ein großer Unterschied zum Westen und vor allem zum Rheinland.

Die provisorische Unterbringung dauerte noch bis zum Ende des Jahres, erst zum 1. Januar konnten wir dann endlich in eine Wohnung für Landesbedienstete einziehen. Als uns diese gute Nachricht erreichte, war es für uns wie ein verspätetes Weihnachtsgeschenk. Zu unserer Überraschung hatte die Wohnung vier Zimmer, ein Wohnzimmer, ein großes Schlafzimmer und zwei Gäste- oder Kinderzimmer. Wir waren damit sehr zufrieden.

Gesundheitlich ging es mir zu Silvester nicht besonders gut, so daß ich sogar am Neujahrstag einen Arzt konsultieren mußte. Leider folgte ich nicht seinem Ratschlag, möglichst bald eine eingehende Untersuchung durchführen zu lassen, und als ich dies endlich im März nachholte, stellte man eine akute Hepatitis fest. Nach vielen Krankenhausaufenthalten und intensiver Behandlung durch

Leberspezialisten dauerte es fast zehn Jahre, bis ich wieder von der Medikamenteneinnahme befreit war.

Ich war auch deshalb nicht gleich zum Arzt gegangen, weil am 2. Januar meine Vereidigung als Beamter stattfand. Danach dann vergaß ich den Arztbesuch. Da ich sehr schwach war, mußte Ingrid Umzug und Einrichtung der Wohnung weitgehend allein organisieren. Wenigstens bekam sie eine Stelle als Religionslehrerin an der Lessing-Schule, die zwar alt und klein war, in der aber eine nette Atmosphäre herrschte.

Nun hatten wir endlich unsere eigene Wohnung und wollten viele Gäste zu uns einladen. Prof. Stüwe und seine Frau waren die ersten, die ich mit meiner Spezialität *Bulgogi*, „Feuerfleisch" bewirtete. Häufig kamen auch die Fuhrs zu uns. Waren die Gäste von außerhalb, so hatten wir ein interessantes Besichtigungsprogramm bereit: Wir besuchten den Dom in Braunschweig, Riddagshausen mit der Klosterkirche, eventuell auch noch die Kaiserpfalz in Goslar oder Celle mit Schloß und Altstadt. Auch das Wolfenbütteler Schloß und die dortige Lessing-Bibliothek waren oft Ziele unserer Ausflüge.

Prof. Stüwe berichtete mir, daß er als Berufungsgeld u.a. 100.000 DM für ein Elektronenmikroskop bekommen habe, und da ich Erfahrung mit diesen Geräten hatte, bat er mich, ein für unsere Arbeit geeignetes Modell auszusuchen. Ich besuchte das Forschungszentrum von Philips in Eindhoven und war in München bei der Firma Hitachi, doch letztlich entschieden wir uns für ein Mikroskop von Siemens, das, wenn auch ein wenig veraltet, zu den zuverlässigsten Anlagen gehörte und von den meisten großen Labors benutzt wurde. Ab Herbst 1968 arbeiteten wir dann erfolgreich damit.

Da Prof. Stüwe häufig auch die Oberflächenbeschaffenheit von Objekten untersuchen wollte, führte ich dafür das sogenannte „Replica"-Verfahren ein, denn für Oberflächenuntersuchungen wäre eigentlich ein Raster-Elektronenmikroskop notwendig gewesen.

Urlaub, Dienstreisen – und eine Überraschung

Im Frühjahr hatte ich so heftigen Heuschnupfen bekommen, daß ich kaum aus den Augen schauen konnte und lange behandelt werden mußte. Und das während meiner Fahrten wegen des Elektronenmikroskops! Also war Ingrid im Frühsommer der Ansicht, daß ich unbedingt Urlaub benötigte. Wir entschieden uns für Scharbeutz an der Ostsee.

Anfang August ging es los mit der Fahrt über Hamburg und Lübeck. Schon blühten einige Büschel Heidekraut, und die Sonne schien. Unser erster gemeinsamer Urlaub fing großartig an, und ich verbrachte viel Zeit am Strand, auch wenn ich wegen meiner Lebererkrankung auf meine Ernährung achten mußte. Auf der Rückfahrt blieben wir noch einige Tage in Eutin und besuchten eine Freilichtaufführung des „Freischütz", die wir auch nach einsetzendem Regen nicht vorzeitig verließen.

Und dann wurde es allmählich Zeit, die beiden von mir übernommenen Vorträge für eine Tagung im spanischen San Sebastian vorzubereiten, die sich mit der Festigkeit von Metallen und Legierungen beschäftigte. Am 15. September ging es von Hannover aus über Bremen nach London und weiter nach Biarritz.

Der wohlorganisierte Aufenthalt in San Sebastian führte uns auch auf viele Besichtigungstouren. Während des Rückflugs wurde es Ingrid dann sehr übel, und ich war recht besorgt, zumal sie mir noch nichts davon gesagt hatte, daß sie möglicherweise schwanger sei. Ende September stand es dann endlich fest, daß wir am 2. Mai des folgenden Jahres zu dritt sein würden. Wir freuten uns sehr und waren bereits mächtig aufgeregt.

Wegen meiner Lebererkrankung riet mir mein Arzt Anfang des folgenden Jahres zu einem Kuraufenthalt. Auch wenn mir dies wegen meiner schwangeren Frau gar nicht recht war, entschied ich mich, für drei Wochen nach Bad Driburg zu gehen. Der Aufenthalt dort war todlangweilig: Vormittags trank ich das Quellwasser, nachmittags nahm ich ab und zu Bäder. Nach dem Abendessen saß ich fast immer in einem Café. Bei all der Eintönigkeit war ich froh, als Michael mich einmal besuchte und in ein Konzert nach Detmold mitnahm. Als ich meine Kur wegen eines wichtigen Gesprächs in Braunschweig unterbrechen mußte, nahm ich anschließend Ingrid mit in den Kuraufenthalt. So konnte ich mit meiner hochschwangeren Frau noch einige schöne Tage in Bad Driburg verbringen.

Und dann war es auch schon soweit, unsere Wohnung für den bald erscheinenden Nachwuchs umzuräumen und uns um eine Klinik für die Entbindung zu kümmern. Auch suchten wir einen Namen für unser Kind aus: Würde es wunschgemäß ein Mädchen, sollte es „Agnes Bettina" heißen, einem Jungen wollten wir den Namen „Christoph Sebastian" geben.

Bereits im August 1968 hatte ich meinen Einbürgerungsantrag gestellt, aber noch im April 1969 keinen Bescheid von der Bezirksregierung Braunschweig erhalten. Und obwohl wir immer noch einzig und allein unsere amerikanische Heiratsurkunde hatten, gelang es uns trotz einiger Schwierigkeiten, ein Familienstammbuch zu bekommen, das wir gleich mit in den vorbereiteten Geburtskoffer legten.

Am Mittwoch, dem 23. April 1969 mußte ich nach dem Abendessen noch einmal ins Institut, und Ingrid begleitete mich. Erst nach Mitternacht kehrten wir nach Hause zurück und schliefen sofort ein. Doch es wurde nur eine kurze Nacht: Bereits eine Stunde nach dem Zubettgehen weckte mich Ingrid mit großen Mühen, da die Fruchtblase geplatzt war und es Zeit war, zur Klinik zu fahren. Glücklicherweise hatte ich mir den Weg zum Marienstift bestens eingeprägt.

Um kurz nach sechs erblickte unser Sohn Christoph dann das Licht der Welt, und als ich auf den Anruf hin gleich mit einem Riesenblumenstrauß zum Krankenhaus fuhr, hielt Ingrid unseren Sohn bereits im Arm. Merkwürdigerweise hatte er gar keine Haare, ganz anders als die meist schwarzhaarigen koreanischen Babys. Aber es war ein gesundes Kind, 3.900 g schwer und 53 cm groß.

Sogleich schrieb ich an meinen älteren Bruder und meine Schwester und teilte ihnen auch die Vornamen des Kindes mit: Christoph, Sebastian, Hosu. Der Vorname „Hosu" war von mir zwar ausgedacht, aber doch nicht so ganz.

Das Wort „Ho" wurde schon vor etwa 500 Jahren für die 24. Generation meines Familienstammes in der „Guwangju"-Sippe im Familienstammbuch vorgegeben: dies entsprach Christophs Generation. Als Familienangehöriger hatte ich nur das Recht, noch ein weiteres Wort hinzuzufügen, damit die beiden Worte zusammen eine gute Bedeutung haben sollten; und das war für Christoph „Hosu": „Ho" bedeutet „groß", „weit ausgedehnt"; „Su" wiederum „ausgezeichnet", „hervorragend". Auf diese

„Sippenbücher" und die Ahnentafeln werde ich später noch zurückkommen.

Nun hatte ich alle Hände voll zu tun: ich mußte auf Ämter, Anzeigen verschicken und Feiern im Institut ausrichten. Damals gab es in Deutschland viele Krankenschwestern aus Korea, so auch im Marienstift. Die koreanischen Schwestern waren ganz stolz – ein koreanisches Baby in ihrem Krankenhaus!

Am 27. Juli 1969 fand die Taufe statt. Wegen der großen Hitze, die uns allen sehr zu schaffen machte, fuhr Ingrid mit Christoph anschließend zu ihrem Bruder aufs Land. Auf diese Weise vergaß sie ganz, daß der 1. August der 100. Tag in Christophs Leben war. In Korea wird dieser Tag groß gefeiert, weil man der Ansicht ist, daß das Kind überleben kann, wenn es 100 Tage gelebt hat. Diese Tradition stammt noch aus der Zeit hoher Säuglingssterblichkeit.

Und am 27. August bekam ich endlich die gute Nachricht meiner Einbürgerung. Als ich zwei Tage später mit Christoph auf dem Arm zur Einbürgerungsstelle des Einwohnermeldeamtes ging, stellte sich heraus, daß ich nun für Christoph einen eigenen Einbürgerungsantrag stellen mußte. Nachdem ich für meine Einbürgerung eine Gebühr von 750 DM zahlen mußte, war ich gespannt, was man für Christoph berechnen würde. Doch für 50 DM war dann auch er deutscher Staatsbürger.

So konnten wir beruhigt im September einen wohlverdienten Urlaub an der Ostsee verbringen und anschließend, nachdem wir Christoph bei den Großeltern abgeliefert hatten, weiter an den Bodensee und in die Schweiz fahren. Doch wir haben unseren Sohn sehr vermißt.

Zum ersten Mal überquerte ich nun mit meinem

neuen Paß eine Grenze. Lange prüfte der Schweizer Grenzbeamte das Dokument, denn es war ja in der Tat selten, daß ein asiatisch aussehender Mann mit einem deutschen Paß reiste.

Unsere Tochter Agnes

Am 14. Dezember 1969, dem dritten Advent, sang Ingrid im Dom bei der Messias-Aufführung. Ich saß ganz vorne, um sie besser sehen zu können. Später deutete Ingrid an, daß der Abend uns ein großes Glück beschert hätte. Erneut hatte sich Nachwuchs angekündigt, und wirklich ist unsere Tochter Agnes dann sehr musikalisch geworden. Leider mußte ich im Frühjahr 1970 nochmals nach Bad Driburg zur Kur, und es war ebenso langweilig wie beim ersten Mal. Schönerweise bewahrheitete sich nach meiner Rückkehr, daß wir im September erneut Nachwuchs bekommen würden.

Leider hatte sich meine Krankheit nicht gebessert, so daß ich auf Anraten meines Arztes in der Städtischen Klinik weiter behandelt werden mußte. Ich war sehr in Sorge, die hochschwangere Ingrid alleinlassen zu müssen, und verschob meine Behandlung auf die Zeit nach der Geburt.

Am 6. September war es dann soweit: Agnes kam zur Welt. Und als ich sie dann zum ersten Mal sah, hatte sie volles schwarzes Haar. Gleich erkannte ich meine Tochter unter all den anderen Kindern.

Anschließend ging ich dann selbst für zwei Monate in die Klinik; jeden Tag besuchten mich Ingrid und die Kinder, und ich nahm mir vor, wieder ganz gesund zu werden, um mit den Kindern unbeschwert spielen zu können. Ich wollte ein guter Vater sein.

Streng hielt ich mich an jede Diät, und letztlich halfen mir die Cortison-Präparate. Sieben Jahre nach der ersten Diagnose konnte ich meine Medikamente absetzen und hatte nun keine akute, sondern nur noch eine chronische Hepatitis.

Endlich: die Habilitations-Arbeit

Im Februar 1970 fragte mich Prof. Stüwe, ob ich nicht ein Thema zur Materialermüdung von Metallen aussuchen und allein in meinem Namen einen Antrag bei der Deutschen Forschungsgemeinschaft stellen wolle, wo man gerade für sechs Jahre ein diesbezügliches Schwerpunkt-Programm eingerichtet habe. Da sah ich endlich meine Chance, den Grundstein für meine beabsichtigte Habilitation zu legen. Nach vielen kritischen und vergleichenden Überlegungen entschloß ich mich für das Thema der Kurzzeitschwingfestigkeit, „Low Cycle Fatigue", ein Bereich, in dem überwiegend amerikanische Wissenschaftler, Firmen wie General Electrics sowie die NASA geforscht hatten. In Deutschland war bis zu der Zeit kaum darüber gearbeitet worden, so daß ich große Hoffnung auf eine Bewilligung des Antrags hatte. Und wirklich konnte ich auf diesem Gebiet mit Unterstützung der DFG in den folgenden fünf Jahren arbeiten. Ich war sehr glücklich, mich nun endlich auch meiner eigenen Habilitation widmen zu können, die ich nach vier Verlängerungsanträgen im Dezember 1974 schließlich erfolgreich abschließen konnte.

Doch schon bald nach Aufnahme der Arbeit wurde ich von der schlechten Nachricht überrascht, daß Prof. Stüwe Ende 1971 nach Österreich gehen würde. Er hatte einen

Ruf nach Leoben erhalten und übernahm dort nicht nur einen neuen Lehrstuhl, sondern ein neues überregionales Institut, das „Erich-Schmid-Institut für Metallphysik". So ein verlockendes Angebot konnte niemand ablehnen. Ich jedoch war extra aus den USA zurückgekommen, um bei ihm und mit seiner Unterstützung zu habilitieren. Da mein eigenes Forschungsvorhaben von der DFG-Gutachtern jedoch in höchsten Tönen gelobt worden war und meine finanzielle Unabhängigkeit für die nächsten Jahre gesichert war, entschloß ich mich, in Braunschweig zu bleiben, zumal Prof. Stüwe versprach, meine Arbeit von Leoben aus zu betreuen. Er hat nicht nur Wort gehalten, wir sind auch bis zu seinem Tod enge Freunde geblieben.

Im Institut hatte ich endlich eine eigene Anlage aufgebaut als Erweiterung der Anlage von früheren Doktoranden. Nur die Art der Verformung wurde geändert, sie fand nicht mehr einsinnig, sondern wechselsinnig statt. Ich stellte einen Studenten namens Wagner als Assistenten an, der recht nett, fleißig und zuvorkommend war. Dank seiner tatkräftigen Unterstützung war es mir möglich, meine Experimente Tag und Nacht rund um die Uhr durchzuführen. Auf diese Weise konnte ich viele Metalle untersuchen und theoretisch ein neues Auswertungsverfahren ausarbeiten. Niemand hatte zuvor etwas ähnliches gemacht, und ich war überzeugt, daß dies für eine Habilitation ausreichen würde. Dennoch prüfte ich noch einige Schweißverbindungen zusätzlich. Ungewiß blieb jedoch, wer Nachfolger von Prof. Stüwe werden würde. Dieser müßte ja auch meine Habilitationsarbeit annehmen. Da ich aber von meiner Arbeit überzeugt war, traute ich mir zu, auf der Hauptversammlung der *Deutschen Gesellschaft für Metallkunde* (DGM) 1972 in Stuttgart ohne Hilfestellung von Prof. Stüwe einen Vortrag zu halten. An dieser Stelle nun sollte ich allerdings gestehen, daß der Vortrag nur deswegen bei den Anwesenden so gut ankam, weil Ingrid den Entwurf immer wieder korrigierte und zuhörte, wenn ich den Text während des Autofahrens repetierte. Sie machte mich auf viele Verbesserungsmöglichkeiten aufmerksam. Im Februar 1973 hielt ich sogar bei der *International Conference on Fracture* (ICF) in München diesen Vortrag erstmals auf Englisch, wobei mir Ingrid wiederum tüchtig bei Satzstellung und Aussprache half. Unser Auto war immer die Miniaturausgabe eines Seminarraumes. Ich sah zuversichtlich in die Zukunft, und schließlich lösten sich alle Probleme auf die bestmögliche Weise.

Koreanische Sitten und Sippenbücher

Ich möchte an dieser Stelle einen kurzen Exkurs zu koreanischen Familiennamen einschieben.

Es wird in Korea behauptet, etwa 50 % der Bevölkerung hießen entweder „Lee" oder „Kim", weitere 40 % führten die Familiennamen „Choi", „An", „Jung", „Park". Die weiteren etwa 100 Familiennamen sind viel weniger verbreitet.

Die Träger der Familiennamen gehören nun zu verschiedenen Sippen: In meinem Fall ist es die Sippe *Guwangju*. Deshalb wird man auch gelegentlich nach der Sippenzugehörigkeit gefragt, wenn man sich als „Lee" (bei mir „Rie" geschrieben) vorstellt. Innerhalb jeder Sippe gibt es noch viele Stämme, und ich gehöre dem Stamm *Seoktan* an.

Seoktan lebte vor etwa 500 Jahren, und wir alle sind seine Nachkommen. Die Sippe *Guwangju* umfaßt drei

Stämme und ist Herausgeber der Ahnentafel bzw. der Sippenbücher. Diese wurden zuletzt vor etwa 20 Jahren in 14 stattlichen Bänden mit je über 1000 Seiten gedruckt. Auf der Seite für die 23. Generation nach „Seoktan" stehen wir, Ingrid und ich mit der Angabe unserer Geburtsdaten. Ingrids Name wurde dabei phonetisch ins Koreanische übersetzt. Die 24. Generation bilden Agnes und Christoph, und da beide bei ihrer Geburt neben zwei deutschen Vornamen auch einen koreanischen Namen bekamen, stehen diese dort: *Hosu* für Christoph, *Hokyong* für Agnes. Ein etwas kurioser Fehler entstand bei der Zusammenstellung der persönlichen Angaben. Nicht nur Agnes, auch Christoph wurde als meine Tochter aufgeführt. Sollten diese Bücher in 10 oder 15 Jahren wieder neu erscheinen, werde ich einige Korrekturen vornehmen lassen müssen.

Den jeweils ersten Geburtstag von Christoph und Agnes feierten wir nach koreanischer Tradition: Wir stapelten auf einem Tisch verschiedene Dinge wie Pfeil und Bogen, ein Buch, einen Abakus, einen asiatischen Pinsel zum Schreiben und einen Hammer. Griff ein Kind zuerst zu Pfeil und Bogen, dann sagt man, daß das Kind später als Soldat Karriere machen würde. Nahm das Kind zuerst ein Buch, würde es Gelehrter oder im Fall des Abakus ein reicher Geschäftsmann. Der Pinsel deutet auf einen hohen Beamten und der Hammer auf einen Handwerker.

Und in unserem Fall? Christoph nahm zunächst Pfeil und Bogen, vielleicht war er deswegen später bei der Bundeswehr? Agnes griff nach dem vor ihr liegenden Buch und promovierte später in Buch- bzw. Bibliothekswesen. Sollte dies ein Zufall gewesen sein?

Bei Agnes feierten wir auch groß den 100. Tag nach der Geburt.

Ein eigenes Heim

Schließlich war es auch soweit, daß die Braunschweigische Landeskirche als eine der letzten Landeskirchen in Deutschland das Pastorinnengesetz annahm, so daß Ingrid im Frühsommer 1971 als eine der ersten Pastorinnen in Braunschweig in den Gemeinden Kissenbrück, Neindorf, Groß Biwende und Klein Biwende eingeführt wurde.

Schon 1968 hatten wir damit begonnen, Informationen über Fertighäuser zu sammeln, und wir erkundigten uns sogar bei der Stadt Braunschweig nach Baugrundstükken. Insgesamt hätten wir 90.000 – 130.000 DM benötigt, verfügten aber nicht einmal über ein Fünftel dieser Summe, trotz Steuererstattung aus den USA, meinen Ersparnissen, den Resten des Stipendiums und Ingrids Abfindung von der Rheinischen Kirche.

Doch wir dachten, daß unsere Kinder, die ja ein wenig anders aussahen als andere, Platz zum Spielen brauchten. Trotz des geringen Kapitals waren wir optimistisch, uns ein Fertighaus leisten zu können.

Und schließlich bot man uns auch im Süden Braunschweigs ein Baugrundstück in einer neuen Siedlung an. Dieses konnten wir uns leisten, entschieden uns hinsichtlich des Hauses dann aber doch für ein traditionell gebautes Haus, ein sogenanntes „Holstein-Haus", das von einer Lübecker Firma angeboten wurde.

Der Bau begann am 1. April 1972 und wurde samt der Unterkellerung schon nach sechs Monaten abgeschlossen. Da unser Nachbar ebenfalls ein „Holstein-Haus" bauen ließ, liefen die Bauarbeiten gleichzeitig auf beiden Grundstücken, zwischen denen man einen Kran errichtet hatte. Leider wurde dieser nicht gleich nach Beendigung der Arbeiten abgebaut. Ende Oktober 1972 sollte der Einzug stattfinden, und wir waren voller Vorfreude. Doch dann geschah etwas, mit dem kein Mensch gerechnet hatte: Ein „Jahrhundertsturm" fegte durch Norddeutschland, der im Harz unzählige Bäume umgeknickte. Und bei uns stürzte der große Kran um und fiel auf unser Haus, wodurch das Dach völlig zerstört wurde. Sogar in den Lokalzeitungen war ein Bild unseres Hauses zu sehen gewesen.

Bis alles repariert und vor allem abgedichtet war, verging einige Zeit, so daß wir erst im Dezember kurz vor Weihnachten einziehen konnten. Doch trotz aller Schwierigkeiten waren wir sehr glücklich und stolz, ein neues eigenes Haus zu besitzen.

Begeisterte Kinder in einem neuen Heim

Da in unserem Viertel nur einstöckige Häuser mit Flachdach errichtet werden durften, hatten wir neben einem großzügigen Wohnzimmer und Schlafzimmer vier kleinere Zimmer bauen lassen, jeweils eines für Ingrid, Christoph, Agnes und mich. Durch den Kellerausbau gelang es uns, noch einen Kaminkeller, ein Gästezimmer, ein Arbeitszimmer und einen Bastelkeller sowie einen Weinkeller einzurichten, für die wir die Fenster gleich groß genug eingeplant hatten. Neben dem Wohnzimmer war der mit Holz getäfelte Kaminkeller unser liebster Aufenthaltsort, wo wir Karten und Mah-Jongg spielten. Und das Arbeitszimmer hatte genügend Wandfläche, um die vielen Bücher für meine Habilitations-Arbeit aufzunehmen.

Ingrids besonderes Interesse galt dem Garten, so daß wir mit großer Sorgfalt Pflanzen aussuchten. Zumindest teilweise sollte es wie in einem asiatisch-koreanischen Garten aussehen, und ich legte auch ein japanisches Blumenbeet mit schönen Steinen und Bambus an, ja, sogar einen jungen Ginkgo konnte ich pflanzen. Unter diesem liegt heute noch der große Stein, den wir einmal von einem Spaziergang im Elm mitbrachten und den wir kaum heben konnten.

Die Häuser in unserer Rostockstraße stammten fast alle aus dem gleichen Jahr, und wir alle hatten Probleme mit der Undichtigkeit der Dächer. Bei Regen bildeten sich Wasserflecke an der Zimmerdecke, und alle arbeiteten oben auf den Flachdächern, um diese mit Teer und Teerpappe abzudichten. Dies war bei strömendem Regen schon ein deprimierender Anblick. Dabei war es völlig klar, daß das Problem durch Materialermüdung entsteht: Bei hohen Tagestemperaturen dehnen sich Teer und Teerpappe tagsüber aus und schrumpfen in der Nacht wieder. Wenn ein Werkstoff sich dauernd ausdehnt und schrumpft, entstehen eben unweigerlich Risse.

Durch meine beruflichen Verpflichtungen blieb leider nicht viel Zeit, den Garten in der von uns gewünschten Weise als Spielplatz für die Kinder anzulegen. Um ihnen dennoch Abwechslung zu bieten, machten wir schöne gemeinsame Ausflüge: Oft ging es nach Riddagshausen, aber auch zum Vogelpark Walsrode oder in den Zoo von Hannover.

In den jährlichen Sommerurlaub diesmal auf Borkum mußte Ingrid mit den Kindern allein fahren, und erst im Sommer 1974, nachdem ich meinen Habilitationsantrag an die Fakultät gestellt hatte, gelang es uns, gemeinsam eine schöne Ferienzeit in Nieuwvliet im holländischen

Scheldemünden zu verbringen. Die Pension lag direkt neben einer Windmühle und war sehr romantisch, der Strand sauber und nicht überlaufen und das Wasser recht warm, so daß die Kinder im Meer toben konnten. Uns gefiel es so gut, daß wir auch in den folgenden drei Jahren dort unseren Urlaub verbrachten.

Endlich Universitätsdozent

Meine Forschungsarbeit lief wie gewünscht, so daß ich alle Unterlagen gleich Prof. Häßner vorlegen konnte, als dieser Anfang 1973 als Nachfolger von Prof. Strüwe von Stuttgart nach Braunschweig berufen wurde. Lange diskutierten wir über viele Punkte meiner Habilitationsschrift, und schon im Sommersemester 1974 konnte ich den Habilitationsantrag bei der Fakultät stellen. Diese hieß damals noch „Fakultät für Maschinenbau und Elektrotechnik", so daß auch ein Vertreter der Elektrotechnik im Habilitationsausschuß war. Ich wurde noch nach der alten Regel geprüft, was bedeutete, daß man zunächst einen Vortrag halten mußte, um die wissenschaftliche Fähigkeit nachzuweisen. Hatte man diesen Teil bestanden, war zwei Wochen später nochmals ein Vortrag zu halten, um die pädagogische Befähigung zu zeigen. Nach dem sich wieder anschließenden Frage- und Antwort-Spiel wurde über den Erfolg der Habilitation entschieden. Dieses Verfahren wurde schon einige Jahre später radikal vereinfacht, so daß es nicht mehr zwei Vorträge mit zwei Prüfungen gibt, sondern nur noch einen Vortrag ohne Prüfung.

Am 10. Dezember 1974 war ich dann habilitiert und konnte meine akademische Laufbahn beginnen. Als ich im Mai 1974 bei der *Deutschen Gesellschaft für Metall-kunde* (DGM) auf der Hauptversammlung in Bonn einen Vortrag gehalten hatte, hatte ich mit dem Vorsitzenden der Session viel Zeit verbracht. Es war Prof. Ruge vom Nachbarinstitut für „Schweißtechnik und Werkstoff-technologie" in Braunschweig. Ich kannte ihn bereits seit einigen Jahren und hatte mich gleich nach meiner Rückkehr aus den USA bei ihm vorgestellt. Gemeinsam mit seiner Frau gehörte er auch zu den ersten Gästen in unserem neuen Haus.

So fragte ich ihn ganz direkt, ob ich nicht nach der Habilitation bei ihm eine Stelle bekommen könnte. Er war von meinem Vorschlag begeistert und sagte, daß er erwarte, zum 1. Januar 1975 eine Universitäts-Dozenten-stelle bewilligt zu bekommen. Diese bot er mir zu meiner großen Freude sogleich an. Nach meiner Rückkehr be-richtete ich alles gleich Ingrid, die sich sehr über diese gute Nachricht freute. Leider lief dann doch vieles anders, als ich es mir vorgestellt hatte.

Am 10. Dezember 1974 feierte ich mit den Mitarbeitern des Instituts für Werkstoffkunde und des Instituts für Schweißtechnik meine Habilitation. Am nächsten Tag erschien ich bei Prof. Ruge, um meinen Umzug zu be-sprechen, als er sichtlich verlegen ein sehr unglückliches Gesicht machte. Das Ministerium hatte seinen Antrag auf eine Dozentenstelle abgelehnt, und ich war von dieser Nachricht so sprachlos, daß ich gewissermaßen den Boden unter den Füßen verlor. Trotzdem bemühte ich mich Haltung zu bewahren und sagte, daß ich für meine erste Vorlesung Anfang April ein neues Konzept entwik-keln und den Entwurf fertigstellen würde. Als habilitier-ter Privatdozent hatte ich ja das Recht und die Pflicht, Vorlesungen zu halten.

Ingrid nahm die schlechte Nachricht wesentlich gefaßter auf und schlug vor, ich sollte doch Prof. Stüwe anrufen, der ja eigentlich mein Habilitationsvater und Mentor war.

Ich telefonierte sogleich mit ihm, und er versprach, nach der enttäuschenden Entwicklung in Braunschweig alles menschenmögliche für mich zu tun. Allerdings war der Zeitpunkt sehr ungünstig, da Weihnachten und der Jahreswechsel vor der Tür standen.

Zu allem Überfluß benachrichtigte mich das Ministerium am 20. Dezember auch noch, daß ich zum 31. Dezember 1974 aus dem Staatsdienst entlassen würde, da ich nun habilitiert sei. Diese beiden Hiobsbotschaften in kurzer Zeit warfen mich mächtig aus der Bahn, und ich war sehr schlecht gelaunt. Ingrid versuchte die Weihnachtsstimmung zu retten und mich zu trösten. Vor allem wegen des Geldes für das Haus und den Lebensunterhalt sollte ich mir keine Sorgen machen, da sie als Gemeindepastorin ja nun auch verdiente.

Dieses Weihnachten scheint mir im Rückblick das schlimmste meines Lebens gewesen zu sein. Später, nachdem alle Probleme zu meiner vollsten Zufriedenheit gelöst waren, hatte ich gegenüber den Kindern ein sehr schlechtes Gewissen und habe mich sehr geschämt. Ich gestehe, zu dieser Zeit kein vorbildlicher Vater gewesen zu sein.

Auch während der Weihnachtsferien im Harz war ich mit den Gedanken ganz woanders.

Anfang Januar 1975 benachrichtige mich Prof. Stüwe, daß er zwei Stellen ausfindig gemacht hätte, auf die ich mich bewerben könnte. Eine war im Forschungszentrum der Allianz-Versicherung in München, die andere im Härterei-Institut in Bremen. Ich war sehr unsicher, was ich tun sollte, denn eigentlich wollte ich ja eine Hochschullaufbahn einschlagen.

Und dann gab es noch Ärger mit der von der TU Braunschweig zu zahlenden Abfindung nach meinem Ausscheiden aus dem Beamtenverhältnis. Man wollte mir nämlich 1968 nicht als ganzes Jahr anrechnen, da ich erst am 2. Januar vereidigt worden bin. Doch sah der von mir aufgesuchte Anwalt kein Problem, dagegen Einspruch einzulegen, und er schrieb unter anderem: „Nach dem BGB hat ein Jahr 365 Tage. Das Jahr 1968 war ein Schaltjahr. Wenn auch Dr. Rie am 2. Januar angefangen hat zu arbeiten, hat er nach dem BGB ganzjährig gearbeitet. – Für den Fall, daß Dr. Rie am 1. Januar anfangen wollte zu arbeiten, wäre die TU nicht in der Lage gewesen, ihm anzubieten, daß er am 1. Januar 1968 vereidigt würde, da der 1. Januar ein nationaler Feiertag ist."

Glücklicherweise kam aber wieder alles ganz anders, und ich konnte meinen Arbeitsplatz im Institut für Schweißtechnik doch noch antreten. Im Februar während einer kleinen Tagung in Düsseldorf, wohin ich mit Ingrid gefahren war, erhielt ich die Nachricht von Prof. Ruge, daß die Stelle vom Ministerium doch noch bewilligt worden war. Und Ingrid behielt recht, hatte sie doch immer gesagt, man solle nie den Mut und die Hoffnung verlieren.

Am 1. April sollte ich als Universitätsdozent vereidigt werden, also mußte ich möglichst rasch die zu haltenden Vorlesungen vorbereiten. Ich fuhr darum allein in die Heide und arbeitete ohne Familie in einem kleinen Dorf. Und auch das Problem mit meiner Abfindung mußte ich nicht weiter verfolgen, da ich ja weiterhin als Beamter an der TU bleiben würde. So hatte sich auch diese kuriose bürokratische Episode erledigt.

1975 – Mein erster Besuch in Korea nach 16 Jahren

Anfang 1975 erhielt ich durch den *Verein koreanischer Naturwissenschaftler und Ingenieure* (VekNI) eine Einladung nach Korea anläßlich des 30. Jahrestages der Befreiung von der japanischen Besatzung. Ich sollte im Rahmen eines gemeinsamen Kolloquiums vom VeKNI und dem *Korea Institute of Science and Technology* (KIST) einen Vortrag halten. Die finanzielle Unterstützung war nicht großartig, denn Korea war damals noch ein Entwicklungsland. Den Flug mußte man selbst bezahlen, die Aufenthaltskosten würde die koreanische Seite übernehmen. Ich mußte gründlich darüber nachdenken, ob ich der Einladung folgen sollte, zumal noch einige Jahre zuvor die koreanische Regierung in Europa lebende Koreaner nach Korea verschleppt hatte, nur weil sie mit den Ansichten der koreanischen Regierung nicht konform waren. Nach längerer Beratung mit Ingrid entschied ich mich dann doch für die Reise, wollte aber mit ihr zusammen fliegen.

Vorsichtshalber informierte ich die Deutsche Botschaft in Seoul und das Außenministerium in Bonn über meine bevorstehende Reise und bat, mir bei unvorhergesehenen Ereignissen behilflich zu sein. Der Grund für meine Ängstlichkeit hing nicht zuletzt mit den bereits geschilderten Problemen wegen meines beschlagnahmten koreanischen Passes zusammen, als auch mit der Tatsache, daß ich ja nie den geforderten Militärdienst geleistet hatte und fürchtete, deshalb möglicherweise belangt zu werden. Dieser Besuch in Korea war der erste nach 16 Jahren.

Etwa um diese Zeit hatte *Korean Air* den Flugverkehr zwischen Europa und Korea aufgenommen, und gemeinsam mit uns flogen schätzungsweise 40 koreanische Wissenschaftler und Studenten. Da ich als „Universitäts-Dozent" der Ranghöchste war, stellte mich der Verein als Galionsfigur in die erste Reihe. Nach der Ankunft in Seoul benachrichtigten wir gleich die Deutsche Botschaft, daß wir im Gästehaus des KIST untergebracht waren. Die meisten anderen Teilnehmer aus Deutschland wohnten bei ihren Verwandten oder Bekannten.

Die größte Überraschung bei unserer Ankunft in Seoul war, daß meine Geschwister und fast die ganze Verwandtschaft mit einem Kleinbus am Flughafen auf uns warteten. Der Anblick so vieler Verwandte verschlug mir die Sprache. Auch mein Vater war unter ihnen, und ich erkannte ihn sofort wieder. Anders ging es mir leider mit meinen drei jüngeren Brüdern. Meine jüngere Schwester war unverändert, nur etwas älter als in meiner Vorstellung. Wenn ich nicht mehr wußte, wen ich vor mir hatte, konnte ich sie immer fragen. Es waren sogar einige Tanten aus fernen Gegenden, wo sie Landwirtschaft betrieben, mitgekommen. So waren meine Schwierigkeiten, jeden wiederzuerkennen, nicht verwunderlich. Alle wollten den nach 16 Jahren Zurückkehrenden und seine waschechte deutsche Frau herzlich begrüßen. Ich war vollkommen überwältigt und freute mich vor allem auf ein Wiedersehen mit meinem Vater. Er wirkte gar nicht viel älter als vor 16 Jahren. Korea selbst vermittelte mir den Eindruck, sich gerade von einem Agrarland zu einem Industriestaat zu entwickeln. Es war ein richtiges Abenteuer.

Die folgenden vier Tage verbrachte ich mit dem Kolloquium, meinem Vortrag und den Diskussionen mit den Kollegen. Nachmittags gab es Institutsbesichtigungen oder Sightseeing-Touren zu alten Palästen, abends waren wir meistens von verschiedenen Sponsoren eingeladen. Anschließend erst konnten die aus Deutschland Angereisten irgendwo in der Kneipe unter sich sein und sich über die Eindrücke austauschen. Am Wochenende nach dem Kolloquium sollte es in den Süden gehen zur Besichtigung von Stahlwerken und Schiffswerften. Ich jedoch wollte lieber gleich wieder nach Deutschland zurückkehren, fürchtete ich doch immer noch, wegen meines nicht abgeleisteten Militärdienstes festgenommen zu werden.

Während des Kolloquiums kamen einige Professoren des *Korea Advanced Institute of Science and Technology* (KAIST) auf mich zu und fragten, ob ich das Institut nicht besuchen wollte. Wie ich wußte, handelte es sich um eine vom Staatspräsidenten eingerichtete Elitehochschule, die dem Wissenschaftsministerium unterstand, und ich war sehr interessiert. Die Professoren der Abteilung *Materials Science* versuchten mich zu überzeugen, im nächsten Jahr für ein Semester zu kommen und zwei Vorlesungen zu halten. Und dann machte ich einen der ganz großen Fehler meines Lebens: Ohne Ingrid zu fragen erklärte ich mein Einverständnis. Schlimmer noch war, daß ich auch meinen Chef Prof. Ruge nicht nach seiner Meinung gefragt hatte, zumal er mir erst kurz zuvor die Dozentenstelle vermittelt hatte. Irgendwie war es nicht anständig, bereits nach einem Jahr der Lehrtätigkeit an der TU Braunschweig für ein ganzes Semester als *Invited Professor* nach Korea zu gehen. Also habe ich mich nachträglich dann sehr geärgert, obwohl ich von seiten der Universität gar keinen Einwand hörte. Man wollte lediglich in der Zeit mein Gehalt um 50 % kürzen, da ich ja in Korea ein Professorengehalt bekommen würde.

Bei einem der Empfänge traf ich unerwartet zu meiner großen Freude meinen früheren Mentor Professor T.-S.

Yun, und er berichtete mir von den Ereignissen der letzten 16 Jahre. In den sechziger Jahren war er Chef des koreanischen *Office of Atomic Energy* gewesen, und Anfang der siebziger Jahre, als die ersten koreanischen Eisenhüttenwerke mit integrierten Stahlwerken gegründet werden sollten, wurde er als der beste Fachmann auf diesem Gebiet dafür zum Vize-Präsidenten berufen. Sein Pech war, daß der Präsident der Firma ein hochrangiger Militäroffizier aus dem näheren Umfeld des Staatspräsidenten war. Die Art und Weise, wie dieser Präsident mit ihm und der Belegschaft umging, war Prof. Yun sehr zuwider, und so kündigte er und wollte zu seiner alten Universität SNU zurück. Die weigerte sich aber, ihn wieder aufzunehmen, so daß er Professor an der *Korea-Universität* wurde. Prof. Yun war sehr stolz, daß sein Schüler in Deutschland Karriere machte, und ich war sehr froh, meinen alten Lehrer wiedergetroffen zu haben.

Nach dem Empfang fragte mich Ingrid, ob auch ich Prof. Yuns abgetragene Jacke bemerkt hätte, und sie schlug vor, ihm vielleicht in der einen oder anderen Weise behilflich zu sein. Ich war ganz ihrer Meinung, da ich ihm ja sehr viel zu verdanken hatte. Doch erst zehn Jahre später konnte ich etwas für ihn tun und mithelfen, daß sein Traum eines Aufenthaltes in Europa Wirklichkeit wurde. Darüber werde ich später ausführlicher berichten.

Als Invited Professor in Korea

1975 stellte ich im Rahmen eines neuen Schwerpunkt-Programms der DFG einen Forschungsantrag und erwartete den entsprechenden Bescheid irgendwann im folgenden Jahr. Allerdings hatte ich mich ja leichtfertigerweise bereit erklärt, 1976 für vier bis fünf Monate als *Invited Professor* nach Korea zu gehen.

Da das Semester dort schon am 1. April begann, flog ich Ende März ab und bezog ein Appartement mit drei Zimmern und einer Kochnische. Mitte April kamen Ingrid und die beiden Kinder zu Besuch. Meine Geschwister zeigten uns die Sehenswürdigkeiten von Seoul, an erster Stelle die Königspaläste, und am Wochenende veranstalteten wir dann mit allen Cousinen und Cousins ein Picknick im Park, zu dem meine Schwester jede Menge „Sushi" und koreanische Reiskuchen für die Kinder mitbrachte. Christoph und Agnes spielten begeistert mit ihren Cousinen und Cousins, obwohl die beiden kein Wort Koreanisch verstanden.

Einer meiner jüngeren Brüder wohnte in Masan, nicht weit von Busan, der zweitgrößten Stadt Koreas. Er arbeitete damals dort für einen lokalen Fernsehsender, und auf seine Einladung hin fuhren wir mit der Eisenbahn nach Süden. Masan ist ebenso wie Busan eine Hafenstadt, allerdings viel kleiner.

Auf einem gemeinsamen Ausflug zeigte er uns die Südküste mit ihren vielen kleinen Inseln und die alte Stadt Jinju mit dem Pavillon, in dem sich vor etwa 300 Jahren der Sage nach diese Tragödie abgespielt hatte: Wieder einmal hatten die Japaner den Süden Koreas besetzt und wollten ein großes Siegesfest mit vielen koreanischen Hofdamen feiern. Da sprang eine der Hofdame ins Meer hinunter und riß einen japanischen General mit: Sie opferte sich, um den japanischen General zu töten.

Bei diesem Pavillon stieg Ingrid ein wunderbarer Duft in die Nase, und bald hatten wir die entsprechenden Sträucher entdeckt. Auf meine Frage hin meinte mein Bruder, daß dieser Strauch den Namen „Tausendmeilenduft" trüge. Und er sorgte dafür, daß mein Bruder in Seoul uns so einen Strauch für unseren Garten daheim besorgte. Im Koffer brachten wir ihn nach Braunschweig und pflanzten ihn an die sonnigste Stelle. Zwei Jahre lang wuchs er ganz prächtig, doch dann bekam er eine Krankheit und ging ein. Besonders Ingrid war darüber sehr betrübt.

Zurück in Seoul besuchte uns mein Vater einen Tag vor Ingrids Abflug, und endlich konnten die Kinder ihren Großvater kennenlernen. Auch wenn sie sich nicht mit Worten verständigen konnten, war es schön und berührend, die Enkelkinder auf seinem Schoß zu sehen. Während ich dies schreibe, betrachte ich das Foto, das ich damals ganz spontan gemacht hatte.

Leider gestaltete sich Ingrids Rückflug dann ein wenig problematisch, da man uns erst im allerletzten Moment mitteilte, daß der Flug überbucht sei. Also mußte Ingrid mit den Kindern noch eine Nacht in der Nähe des Flughafens verbringen, während wir anderen alle, die zu ihrer Verabschiedung gekommen waren, uns sputen mußten, um vor der nächtlichen Ausgangssperre wieder zu Hause zu sein.

So flog meine Frau dann am nächsten Tag mit *Japan Airlines* nach Deutschland zurück.

Den einzigen, den all dies gar nicht störte, war Christoph, der genau an dem Tag Geburtstag hatte: Er bekam morgens in Seoul von seiner Mutter die vorsorglich besorgten Geschenke, Süßigkeiten und ein Jäckchen nach koreanischer Art, und als sie dann nach langem Flug über Tokio und Hamburg endlich in Hannover landeten, verkündete er stolz, noch immer Geburtstag zu haben.

Das für mich ungewohnte Leben in Korea

Meine beiden Vorlesungen vor Doktoranden in Korea waren gut besucht, und nicht zuletzt, weil es sich um ganz neuartige Themen handelte, zu denen es in Korea keine vergleichbaren Lehrveranstaltungen gab, waren die Hörer eifrig bei der Sache. Dieser Unterricht beim KAIST hat mir großen Spaß gemacht. Ich wohnte in der Hochschulsiedlung wie praktisch alle Professoren mit ihren Familien. In den beiden Schlafzimmern und dem Wohnzimmer kam ich mir reichlich verloren vor. Ich hatte eine Frau für die Reinigungsarbeiten engagiert, ansonsten aß ich fast immer auswärts, entweder mit Kollegen oder den Geschwistern. Fast jeden Abend war ich reihum irgendwo eingeladen, weil sich alle sorgten, ich könnte ohne meine Familie einsam sein. Ich konnte feststellen, daß es in Korea immer noch die alte schöne Sitte gab, Gäste herzlich zu begrüßen, reichlich mit schönen Sachen zu beglücken und zu festlichem Essen einzuladen.

Mein Betreuer war Prof. J.-Y. Lee, der vier Jahre nach mir an derselben Universität die gleichen Fächer studiert und dann in den USA promoviert hatte. Er begleitete mich zu den Firmenbesichtigungen, wo überall wie in ganz Korea eine enorme Aufbruchstimmung herrschte. Viele Firmen nutzten die Gelegenheit, sich von mir beraten zu lassen, daher war ich überall willkommen. Wir besuchten die Hyundai-Werft, die gerade den weltgrößten Tanker baute, dann die neugegründeten Hütten- und Stahlwerke POSCO und die Hyundai Motor Company. Zwischendurch nahmen wir uns aber auch die Zeit, all die berühmten Tempel und die historisch interessanten Überreste der Shilla Dynastie (vom 1. bis 10. Jahrhundert) in Kyong-Ju anzuschauen. Besonders freute es mich, meine Studienkollegen aus der Universitätszeit beim Besuch von POSCO anzutreffen. Alle waren sie leitende Angestellte, und wir verbrachten einen unvergeßlichen Abend mit viel Reiswein und Schweinehaxen – was die Koreaner so gern trinken und essen.

Da die *Korea-Universität* nur zehn Fahrminuten vom KAIST entfernt war, besuchte ich dort auch meinen alten Lehrer Prof. T.-S. Yun. Wir tranken Tee, und er lud mich in ein feines koreanisches Restaurant ein. Und er bot mir an, wann immer ich es wollte zu ihm zu kommen. Als ich dies von meinem alten Lehrer hörte, war ich so gerührt, daß ich mir fest vornahm, mich ebenso um ihn zu kümmern.

Prof. Yun war sehr väterlich und bescheiden, und obwohl ich sein Schüler war, ließ er mich immer fühlen, wie sehr er mich schätzte und respektierte. Und es gelang mir, ihn mit seiner Frau für sechs Monate nach Leoben in Österreich einzuladen. Prof. Yun war damals gerade pensioniert und interessierte sich sehr für die Geschichte des Eisenhüttenwesens. Er bat mich, einen Experten auf diesem Gebiet in Europa zu suchen, damit er mit diesem zusammenarbeiten könnte. Und dieser Experte arbeitete nun zufällig bei Prof. Stüwe. Ich sprach diesen darauf an, und erbot sich, die Kosten zu übernehmen. Doch Prof. Stüwe sorgte dafür, daß die Stahlwerke „Voest Alpine" in Linz, die auch die POSCO-Werke, bei denen Prof. Yun Vize-Präsident gewesen war, aufgebaut hatten, die Kosten übernahmen. So konnte mein Mentor mit seiner Frau auch mich in Braunschweig besuchen.

Da ich pro Woche nur zwei Vorlesungen und eine Übung zu halten hatte, blieb mir viel freie Zeit, in der ich begann, das Goethe-Institut in Seoul aufzusuchen. Vor allem ging ich dorthin, um deutsche Tageszeitungen zu lesen. Ich unterhielt mich auch viel mit einer dort arbeitenden jungen Deutschen, deren ebenfalls deutsche Freundin bei der Firma Daewoo beschäftigt war. Wir tauschten uns über unsere Erfahrungen in Korea aus, und es war für mich sehr interessant zu hören, was zwei waschechte „Fräuleins" aus Deutschland in Korea erlebt hatten.

Ende Juli endete das Semester in Korea, und fast alle Professoren verschwanden mit ihren Familien in den Sommerurlaub. Nur Prof. S.-W. Nam war noch da, der gerade erst von einem längeren USA-Aufenthalt nach Korea zurückgekehrt war. Er bedauerte es sehr, daß ich nun auch gleich nach Deutschland zurückkehren wollte, da wir uns rege über unsere laufende Arbeit austauschten. Ich stellte ihm in Aussicht, in Zukunft vielleicht ein gemeinsames Projekt mit ihm durchzuführen. Daß dies dann für 16 Jahre zu einer erfolgreichen Kooperation führen würde, hätte ich nicht im Traum erwartet.

Als ich meiner Bekannten vom Goethe-Institut von meinen Rückkehrplänen berichtete, schlug sie vor, unterwegs in Katmandu einen Zwischenstop einzulegen. Sie selbst wollte dort einige Wochen Urlaub machen, um Nepal kennenzulernen. Wie sich im Lufthansabüro herausstellte, war es kein Problem, von Seoul nach Nepal zu fliegen. Der Weiterflug nach Hannover war da schon schwieriger.

Ich startete vormittags in Seoul und landete nach einem Flug über Tokio und Bombay bereits nachmittags in Katmandu. Meine Bekannte holte mich vom Flughafen ab, und auf meine Frage, ob sie für mich ein Zimmer reserviert habe, schlug sie ohne weiteres vor, aus Kostengründen einfach mit in ihrem Zimmer zu übernachten. Das machte mich zunächst ziemlich sprachlos, denn wir waren zwar locker befreundet, duzten uns aber noch nicht einmal.

Wie sich herausstellte, hatte sie es sich nach koreanischer Sitte angewöhnt, statt in einem Bett auf dem warmen Fußboden zu schlafen, weshalb sie gar kein Problem in ihrem Vorschlag sah. Dennoch würde ich von keiner Frau annehmen, daß sie einem anderen als ihrem Ehemann anbietet, das Schlafzimmer mit ihr zu teilen. Ihr Vorschlag zeigte deutlich, wie sehr sie mir vertraute, und ich gab mir während der drei Tage in Katmandu alle Mühe, sie nicht zu enttäuschen.

Wir besichtigten die Stadt und die nähere Umgebung, den Königspalast, alte Städte, Tempel und die Flüchtlingslager der Tibeter. Nach drei Tagen flog ich dann allein über Neu-Delhi nach Deutschland zurück. Ich freute mich, als meine Frau Ingrid mich in Hannover erwartete: Nach all den Monaten hatte ich große Sehnsucht nach ihr und meiner Familie.

Braunschweig: erste Forschungsvorhaben, erste Mitarbeiter

Da ich lange Zeit fast nur Koreanisch gesprochen hatte, fiel es mir in den ersten Tagen doch wieder schwer, mich elegant und fließend auf Deutsch auszudrücken. Prof. Ruge begrüßte mich gleich mit der guten Nachricht, daß mein Forschungsantrag von der DFG bewilligt worden war. Er lief im Rahmen des Schwerpunktprogramms „Übertragbarkeit von Werkstoffkennwerten". Ich war sehr erleichtert, denn nach allem, was Prof. Ruge bisher für mich getan hatte, wollte ich mich nach Kräften revanchieren und auch möglichst viele Drittmittel zum Wohle des Instituts einwerben.

Und auch mein Problem, nun so rasch wie möglich einen neuen Mitarbeiter zu finden, war bereits gelöst. Herr Lachmann, ein früherer Schüler von ihm, der einige Jahre in der Industrie gearbeitet hatte, wollte nun promovieren. So hatte ich meinen ersten selbstfinanzierten Doktoranden.

Und Herr Lachmann war dann auch der erste, der bei mir promovierte. Spaßig war ebenfalls, daß Frau Lachmann eine Zeitlang meine Mitarbeiterin in einem anderen Institut gewesen war. Später waren wir mit der Familie Lachmann sehr eng verbunden.

Im Herbst 1976 richtete die DFG ein neues Schwerpunktprogramm zum Thema „Wasserstoff in Metallen" ein. Sofort schrieb ich erneut einen Forschungsantrag über „Wasserstoff-Versprödung der Metalle" und reichte diesen ein. Bereits im Januar 1977 erhielt ich den positiven Bescheid. Ich war sehr glücklich über so viel Erfolg, denn eine solche Bewilligung bedeutete, daß man durch Verlängerung des Vorhabens im betreffenden Rahmen etwa fünf Jahre lang finanziell unterstützt wurde. Als Personalkosten beantragte ich meistens die Mittel für einen wissenschaftlichen Mitarbeiter und einen Techniker.

Etwa zu dieser Zeit erschien bei mir ein Diplom-Ingenieur aus Clausthal-Zellerfeld namens W. Kohler und frage nach einer Promotionsmöglichkeit. Ich nahm ihn sofort an und hatte somit in weniger als einem Jahr zwei neue Mitarbeiter gewonnen. Aus meinen Forschungsmitteln konnte ich später dann viele Techniker und Materialprüferinnen des Instituts finanzieren, so daß auch Prof. Ruge davon profitierte.

Ein Jahr später 1978 wollte ein Student bei mir seine

Diplomarbeit anfertigen, und ich gab ihm ein Thema, das ich ein halbes Jahr zuvor mit den koreanischen Kollegen im KAIST vereinbart hatte. Um was es sich dabei handelte, will ich der Reihe nach berichten.

Reise nach Korea mit Professor Ruge

Im Frühsommer 1977 besuchten mich zwei koreanische Professoren der Abteilung Maschinenbau des KAIST in Braunschweig, um Prof. Ruge und mich noch für dasselbe Jahr als *Invited Professor* einzuladen. Wir mußten spätestens Mitte September nach Korea kommen, da das Semester dort bereits Anfang September beginnt. Ich sollte für zwei Monate eine Vorlesung über Materialermüdung halten, während Prof. Ruge zwei Wochen lang über allgemeine Schweißtechnik lesen sollte. Damals gab es beim KAIST keine vergleichbaren Vorlesungen, so daß die Kollegen dort planten, auf lange Sicht solche Lehrveranstaltungen irgendwann auch selbst anzubieten. Gemeinsam mit Ingrid flog ich bereits Anfang September nach Korea und begann meine Vorlesung, Prof. Ruge kam eine Woche später allein nach Korea, seine Frau und seine Tochter Nina folgten nach einigen Tagen.

Als Prof. Ruge seine Vorlesung beendet hatte, sollte eine vom KAIST geplante Besichtigungstour stattfinden, bei der uns Prof. B.-O. Lee begleiten sollte, den ich noch aus meiner Studienzeit in Korea kannte.

Ende September 1977 fuhren wir mit zwei Autos zunächst zu *Hyundai Heavy Industries* in Ulsan an der Ostküste, wo der weltgrößte Tanker gebaut wurde. Vor etwa 100 Ingenieuren dieser und umliegender Firmen hielt Prof. Ruge einen brillanten Vortrag über Schweißtechnik.

Am nächsten Tag ging es weiter zu POSCO in Pohang, etwa 60 km nördlich von Ulsan, wo Prof. Ruge ebenfalls einen Vortrag hielt. Bei POSCO gab es damals nicht einmal eine schweißtechnische Abteilung und keinen einzigen Schweißfachmann. Da der Bedarf an Stahl international so groß war, konnte man diesen verkaufen, ohne die Kunden hinsichtlich der Schweißbarkeit der Stähle zu beraten. Am folgenden Tag besichtigten wir die alte Stadt Gyeongju, die Hauptstadt des Königreichs Shilla für fast 1000 Jahre mit den beeindruckenden Königsgräbern. Auch sonst gab es dort viel zu sehen: die alte Sternwarte und den Bulguksa-Tempel mit dem Buddha aus Marmor in einer Grotte.

Dann flogen wir alle zusammen auf die Insel Jeju, die größte Insel Koreas mit ausgesprochen mildem Klima. Obwohl es nur ein Tag vor dem 3. Oktober war, einem in Korea wichtigen Feiertag, an dem fast alle Koreaner zu einem Kurzurlaub aufbrechen, hatten wir dank der Bemühungen des KAIST in einem erstklassigen Hotel noch Zimmer bekommen.

Auf meinen Vorschlag hin wollte ich mit meiner Frau am Abend ein originelles Fischrestaurant besuchen, um die Lebensart der Insel kennenzulernen und vor allem die Spezialitäten zu kosten. Also ließen wir uns von einem Taxi zu einem solchen Lokal bringen. Der Fahrer äußerte zwar Zweifel, ob es meiner Frau gefallen würde, doch war ich zuversichtlich, da sie schon viel von Korea gesehen hatte. Als wir das Restaurant betraten, gefiel es uns gleich sehr gut: Der Boden war nicht gekachelt, die Fische schwammen in vielen Bassins, es gab lediglich Ondol-Zimmer, wo man auf dem Boden sitzen mußte. Zu meiner Überraschung wurde Ingrid dann aber ganz ängstlich und bat mich, rasch wieder hinauszugehen.

Eine Gruppe von mehr als zwanzig Leuten starrte uns sehr merkwürdig an. Wir wandten uns schon zum Ausgang, als ich hinter mir jemanden fragen hörte: „Bist du nicht Kyong-Tschong?"

Ich glaubte meinen Ohren nicht trauen zu können. Hatte man gerade meinen Vornamen gerufen? Als ich mich umwandte, war ich völlig sprachlos: Die zehn Herren, die uns anstarrten, waren meine Klassenkameraden aus der Gymnasialzeit, die gemeinsam mit mir sechs Jahre lang die Schule besucht hatten. Ich war begeistert, sie nach 22 Jahren wiederzusehen, die hier mit ihren Ehefrauen zusammen feierten. Als ich ihnen dann meine Frau vorstellte, war es Ingrid schon klar, daß die Leute meine Freunde waren, die gemeinsam einige Ferientage auf Jeju verbrachten. Gleich baten sie uns an ihren Tisch, und so saßen wir dann bestens gelaunt, die Männer auf der einen, die Frauen auf der anderen Seite, auf dem warmen Boden an einem langen Tisch.

Als Vorspeise bekamen wir reichlich verschiedensten rohen Fisch mit scharfer Paprikasoße und Wasabi. Einer der Freunde forderte Ingrid auf Englisch dann auf, ein Stück des scharf gewürzten Fisches auf einmal zu essen ohne dazu etwas zu trinken, denn nur so könnte sie beweisen, wirklich mit einem Koreaner verheiratet zu sein. Und sie tat dies ohne große Mühe, auch wenn ich sah, daß sie Tränen in den Augen hatte. Alle Anwesenden, Männer und Frauen, klatschten frenetisch Beifall und erkannten Ingrids Leistung hoch an. Ich muß sagen, daß sich Ingrid sehr tapfer geschlagen hat.

Die Freunde erzählten mir im Laufe des Abends, daß sie sich schon seit vielen Jahren regelmäßig trafen und gemeinsam manches unternahmen. Auch hatten die Ehemaligen der Abschlußklasse aus dem Jahr 1955 einen Verein gegründet, von dem ich alle Adressen erhalten könnte. Und dann sagte mein Tischnachbar so laut zu mir, daß alle es hören konnten: „Ihr habt uns im Hotel einige Zimmer weggenommen. 10 Zimmer hatten wir reservieren lassen und auch bestätigt bekommen, doch bei unserer Ankunft bat man uns um Verständnis dafür, daß das Hotel nur 7 Zimmer zur Verfügung stellen könnte. Die anderen drei mußten sie Ausländern geben, die Gäste staatlicher Organe seien. Wir erhielten dann drei Zimmer in einem anderen Hotel."

Das zu hören hat mich dann doch betrübt, doch insgesamt war es ein erfreuliches und positives Treffen. Wir verabredeten, daß, sollte einer von ihnen Deutschland besuchen, er mich vorher informieren müßte.

Als wir am nächsten Tag zusammen mit Familie Ruge eine kleine Besichtigungstour im Taxi machten und uns verschiedene Sehenswürdigkeiten an der Küste anschauten, stellte ich nach der Rückkehr fest, daß ich meine Kamera im Auto vergessen hatte. Alle Bemühungen, diese zurückzubekommen, schlugen leider fehl, so daß ich kein einziges Foto von dieser Reise besitze. Ich mußte mich mit einigen gekauften Bildbänden über Jeju trösten.

Nach einem Aufenthalt bei meinem Bruder in Masan ging es dann nach Seoul zurück, von wo aus einige weitere Besichtigungen folgten. Vom Seoraksan National Park im äußersten Osten an der Grenze zu Nordkorea aus konnte man sogar die Diamant-Berge auf nordkoreanischer Seite sehen. Und ich erinnerte mich daran, wie ich als siebenjähriger Schüler 1943 gemeinsam mit meinem Vater diese Berge vom Flugzeug aus gesehen hatte.

Ich bemühte mich stets, trotz meiner Vorlesungsverpflichtungen die Wochenenden für kleinere Reisen oder

Besuche gemeinsam mit Ingrid freizuhalten. Bei einem Besuch meiner Bekannten vom Goethe-Institut trafen wir dort auch Prof. Sontheimer, damals in Deutschland ein bekannter Politikwissenschaftler besonders für Fragen der deutsch-deutschen Annäherung. Er hatte vor koreanischen Politikern dargelegt, wie eine mögliche Annäherung von Süd- und Nordkorea aussehen könnte. Seine Ausführungen fesselten uns bei unserem Treffen so sehr, daß wir es fast nicht mehr vor der Ausgangssperre nach Hause geschafft hätten.

Plasma: ein neues und doch vertrautes Gebiet

Diese Koreareise war für mich ein Wendepunkt in meinem Berufsleben und meiner Karriere, wovon eigentlich kaum jemand etwas weiß.

Mein Gastgeber Prof. J.-O. Lee sprach mich bezüglich zweier unterschiedlicher Angelegenheiten an. Einmal ging es um einen von ihm zu betreuenden Doktoranden, einen Herrn Yang, den er von einem Kollegen übernommen hatte. Dieser Doktorand arbeitete bereits seit drei Jahren ohne nennenswerten Erfolg auf dem Gebiet der Metallfestigkeit, und da ich in einem vergleichbaren Bereich habilitiert hatte, fragte mich Prof. Lee, ob ich diesen Doktoranden nicht von Deutschland aus betreuen könnte. Zuerst war ich sprachlos über diesen Vorschlag, aber nach und nach verstand ich, warum dieser Doktorand so unterstützt wurde. Er war vom Verteidigungsministerium dem KAIST zugeteilt worden, damit er als Offizier eine gute Ausbildung bekäme. Dies war in Korea damals durchaus üblich, auch Prof. Lee war Oberst a.D. Für mich war es nicht schwer, ein sinnvoll eingegrenztes

Thema für den Doktoranden zu finden, und ich ermahnte ihn, zwölf Monate lang die Experimente durchzuführen und dann die Arbeit zu verfassen. Er hielt sich gewissenhaft an meinen Rat und schaffte es tatsächlich, nach eineinhalb Jahren zu promovieren. Das war Anfang 1979, und im September dieses Jahres konnte Herr Yang seine Ergebnisse bei der Internationalen Tagung über „Low Cycle Fatigue" in Stuttgart vortragen, einer Tagung, die ich als Vorsitzender initiiert und organisiert hatte.

Der zweite Punkt von Prof. J.-O. Lee betraf seine laufende Arbeit und die sich dabei ergebenden Schwierigkeiten. Er führte mittels Plasma eine Wärmebehandlung von Stählen durch und beschäftigte dafür einen Doktoranden. Er fragte, ob ich nicht neue Experimente konzipieren und die bisherigen Ergebnisse interpretieren könnte. Als ich mir die Ergebnisse, Apparate und Proben anschaute, stellte ich fest, daß es sich um nichts anderes als die simple Anwendung meiner Doktorarbeit handelte, die sich mit der Grundlagenforschung auf diesem Gebiet beschäftigt hatte. Auch liefen seine Versuche mit sehr unsauberen, nicht definierten Ionenstrahlen ab. Ich versprach Prof. Lee, ihm diesbezüglich von Deutschland aus zu schreiben. Ich wollte mich nicht festlegen, zumal er gemeinsam mit zwei Kollegen mich auch noch zu überzeugen versuchte, neue gemeinsame Projekte zu entwickeln.

Sofort nach der Ankunft in Deutschland schlug ich einem meiner Studenten, Th. Lampe, vor, seine Diplomarbeit auf dem Gebiet der Plasma-Anwendung für die Wärmebehandlung von Stählen bei mir zu machen. Hauptsächlich sollte seine Aufgabe darin bestehen, den Apparat für die notwendigen zukünftigen Experimente zu entwikkeln. Herr Lampe war mit meinem Vorschlag einverstanden, und innerhalb von sechs Monaten stellte er eine Plasma-Diffusions-Anlage als Wärmebehandlungsanlage mit Ionenstrahl-Unterstützung auf die Beine.

Daraufhin stellte ich sogleich einen Forschungsantrag bei der DFG. Zwischenzeitlich hatten uns zwei junge Professoren des KAIST besucht, um vielleicht doch ein gemeinsames Projekt auf diesem Gebiet durchzuführen. Ich vertröstete die beiden mit dem Hinweis, daß dies alles zunächst irgendwie finanziert werden müßte und ich bereits einen entsprechenden Antrag bei der DFG gestellt hätte.

Zu meiner großen Freude wurde dieser Antrag Anfang 1979 ohne Reduzierung des finanziellen Rahmens bewilligt, so daß ich sogar noch einen neuen Mitarbeiter anstellen konnte. Als ich Herrn Lampe fragte, ob er nicht bei mir als bezahlter Doktorand promovieren wollte, war er begeistert. Und ich war froh, erstmals auf einem anderen Gebiet Forschung initiiert zu haben, nämlich der praktischen Anwendung meiner 12 Jahre zuvor angefertigten Dissertation. Meine Forschungstätigkeit basierte bis zu dieser Zeit ja auf meiner Habilitationsarbeit auf dem Gebiet der Materialermüdung und Kurzzeitschwingfestigkeit *(Low Cycle Fatigue)*.

Wie erwartet war das Vorhaben des KAIST auch in Korea bewilligt worden, so daß wir unsere gemeinsamen Arbeiten 1979 aufnehmen konnten. Herr Lampe war sehr fleißig und hatte innerhalb von zwei Jahren vielversprechende Ergebnisse vorliegen, so daß ich darauf aufbauend noch einen Fortsetzungsantrag für den Zeitraum 1981–83 stellen konnte. Auch dieser wurde bewilligt, und ich kam auf die Idee, meine Tätigkeit auf diesem Gebiet noch weiter auszubauen. So war die Anregung, die ich bei meinem

Koreabesuch 1977 von Prof. J.-O. Lee bekommen hatte, von größter Wichtigkeit für mein Leben. Von da an war ich der aktivste und anerkannteste Forscher auf dem Gebiet des „Plasma Diffusion Treatment".

Ich muß natürlich gestehen, daß ich durch meine Doktorarbeit viel über die fundamentalen Mechanismen gelernt hatte und diese Kenntnisse die Grundlage meiner Forschung bildeten. So gewann ich einen Vorsprung gegenüber anderen Forschern auf diesem Gebiet in und außerhalb Deutschlands. Während meines Koreabesuches gemeinsam mit Prof. Ruge hatte unser Gastgeber diesen gebeten, einen seiner Mitarbeiter, Herrn S.-J. Na, als Doktoranden für Schweißtechnik in Braunschweig aufzunehmen. Dessen Finanzierung würde das KAIST übernehmen. Prof. Ruge hatte hier ebenso zugesagt wie bei einem anderen koreanischen Doktoranden von der Abteilung Schweißtechnik der *Graduate School* (SNU), Herrn B.-Y. Lee, der über den DAAD bezahlt werden sollte. Solange unser Haushaltsbudget nicht zusätzlich belastet wurde, waren alle bei uns willkommen.

Beide Doktoranden kamen im Frühjahr 1978 nach Deutschland und begannen nach einem Aufenthalt im Goethe-Institut in Freiburg im Frühsommer ihre Arbeit in Braunschweig. So war es für mich auch möglich geworden, ab und zu Koreanisch zu reden.

Familienleben und erste internationale Tagung

Das Jahr 1977 war auch in anderer Hinsicht für mich mehr als erfreulich. Einmal konnte ich endlich die Cortisonpräparate gegen meine Hepatitis absetzen, und dann bekamen wir auch noch die Mitteilung, daß der Kredit für unser Haus bereits nach sechs Jahren abgezahlt war.

Dies verdankten wir vor allem Ingrids Tätigkeit als Gemeindepastorin.

Trotz aller Arbeit sollten auch unsere Kinder nicht zu kurz kommen, und so machten wir 1978 einen Wanderurlaub in der Rhön. Nur für einen Tag mußte ich nach Stuttgart fahren wegen einer Tagung über Kurzzeitschwingfestigkeit, die ich dort mit Unterstützung des *Deutschen Verbandes für Materialprüfung* (DVM) ausrichten sollte.

Doch abends war ich zurück in der Rhön, und die Wanderungen konnten weitergehen. Christoph war dabei in seinem Element, Agnes mit ihren kurzen Beinen fiel das Laufen allerdings schon manchmal schwer.

Und da die Kinder großes Interesse am Fahrradfahren zeigten, kauften wir für uns alle Räder und unternahmen Touren in der Heide nördlich von Braunschweig.

Anfang September 1979 leitete ich in Stuttgart dann meine erste internationale Tagung mit dem Leitthema „Low Cycle Fatigue and Elasto-Plastic Behaviour of Materials", kurz LCF. Dr. Heibach hatte mit mir zusammen die Organisation übernommen und dankenswerterweise den Tagungsband mit herausgegeben. Auch wenn es eine Menge Arbeit kostete, lernte ich durch diese Tagung viele weltweit führende Persönlichkeiten aus den USA, Kanada, Großbritannien und Japan kennen. Damit war auch der Grundstein für weitere internationale Tagungen auf diesem Gebiet in Deutschland gelegt, und es wurde daraus eine bis heute lebendige Serie.

Daewoo: Neue alte Kontakte

Ende September 1979 fand in Regensburg die Herbstsitzung des *Vereins Koreanischer Naturwissenschaftler und Ingenieure* (VeKNI) in Deutschland statt, an der ich gemeinsam mit den Mitarbeitern teilnahm, die ein Jahr zuvor aus Korea gekommen waren. Auch ein Wissenschaftler aus Hannover war dabei. Der Grund, warum ich so viele Koreaner mitnahm, war der, daß man beabsichtigte, mich zum Vorsitzenden des Vereins zu wählen. Sollte ich dann ab 1980 die Geschäftsführung übernehmen müssen, wollte ich bereits bei der Gelegenheit meine neue Mannschaft vorstellen können. Und so lief es dann auch: Ich wurde zum Vorsitzenden gewählt und stellte meine Mitarbeiter vor.

Eine Woche später mußte ich mit dem neuernannten Generalsekretär nach Paris, da ich auch den Vorsitz des VeKNI in Europa übernehmen sollte. Der Aufenthalt in Paris wurde noch aus anderer Sicht für meine Zukunft bedeutungsvoll. Bei der Sitzung traf ich nämlich nach fast 25 Jahren einen Gymnasialfreund namens Mok wieder, mit dem ich im ersten Gymnasialjahr dieselbe Klasse besucht hatte. Er fragte, ob ich schon einmal den Chairman des Daewoo Konzerns, W.-C. Kim, besucht hätte, der ebenfalls ein Gymnasialfreund von uns sei. Wir verabredeten, ihn bei unserem nächsten Koreaaufenthalt aufzusuchen.

Im Oktober 1979 war ich in Japan, um bei der Internationalen Tagung „Hydrogen in Metals" in Minakami Spa einen Vortrag zu halten. Es war ein abgelegener kleiner Ort mit vielen heißen Quellen. Während des Essens mußten auch alle Ausländer wie die Japaner auf dem

Boden sitzen, was einige doch mit Stöhnen quittierten. Mir hat es nichts ausgemacht.

Anschließend flog ich nach Korea, um dem Minister des Wissenschafts- und Technologie-Ministeriums meinen Antrittsbesuch als designierter Vorsitzender des VeKNI in Deutschland und Europa abzustatten. Auch wollte ich versuchen, ein etwas größeres Budget für 1980 zu erhalten, denn viele meiner Vorgänger hatten über zu knappe Mittel geklagt. Bei meinem Besuch versprach der Minister dann eine deutliche Erhöhung des Etats.

Im Anschluß rief ich Mok an und bat ihn, mit mir zum Chairman des Daewoo Konzerns zu gehen, was er sehr gern tat. Damals waren an vielen führenden Stellen innerhalb des Konzerns noch andere Gymnasialfreunde tätig, mit denen ein Kontakt sicher nützlich sein würde. W.-C. Kim freute sich sehr, mich nach fast 25 Jahren wiederzusehen, und unser Treffen war sehr entspannt und von keinen Erwartungen belastet, da es ja eigentlich nur um ein Wiedersehen ging. Lange unterhielten wir uns angeregt über unsere Gymnasialzeit, und dann fragte er mich, was ich in Deutschland forschte und unterrichtete. Ich erläuterte ihm möglichst einfach meine Arbeiten, auch die in Zusammenarbeit mit koreanischen Partnern. Abends feierten wir in Gesellschaft anderer Vorstandsmitglieder unser Wiedersehen. So begann zwischen W.-C. Kim und mir eine neue Ära. Er schickte mich zu seiner Schiffbaufirma auf der Geojedo-Insel, um diese zu beraten. Auch sollte ich einige Mitarbeiter seines Konzerns gastweise bei uns in der TU Braunschweig aufnehmen, was auch ganz in meinem Sinne war.

VeKNI-Konferenzen in Deutschland

Im Mai 1980 sollte dann eine Frühjahrssitzung des VeKNI
in Deutschland stattfinden, zu der ich etwa 150 Teilnehmer mit ihren Familien erwartete. Gemeinsam mit Ingrid
suchte ich nach einer passenden Örtlichkeit, die möglichst
in der Mitte des damaligen Westdeutschland liegen sollte.
Es war Ingrids Idee, sich nach kirchlichen Ferienheimen
in der Umgebung von Köln zu erkundigen. So fanden
wir nicht weit von Olpe im Sauerland ein schönes und
für uns bestens geeignetes katholisches Ferienheim. Die
Gebäude waren geräumig, und die Gegend war waldreich
und schön. So mußten wir nicht wie früher gelegentlich
in bescheidenen kleinen Hotels oder gar Jugendherber-
gen unterkommen. Und da das Heim eine kirchliche
Einrichtung war und zudem von vielen Firmen Spenden
eingingen, blieb das Ganze sehr kostengünstig für unseren
Verband. Und als dann im November die Herbstsitzung
mit dem Abschlußtreffen und der Übergabe des Vorsitzes
stattfand, machten wir uns erneut auf die Suche, diesmal
nach etwas für Koreaner ganz besonderem, einem Schloß
oder einer Burg. Schließlich half uns Michael Fuhr, der
Pfarrer in Rheinböllen nicht weit von Kreuznach war.
Zusammen mit ihm besichtigten wir die Ebernburg bei
Bad Münster am Stein, ein Hotel mit vielen Zimmern,
ganz oben auf einem Berg. Es gab dort so viele interessante Nischen und Ecken, wo man ungestört in toller Atmosphäre mit schönen Weinen feiern konnte. Es wurde
ein großer Erfolg, auch wenn es sicher etwas kostspieliger
war. Doch dank der eingeworbenen Spenden war es mir
dann sogar möglich, meinem Nachfolger noch eine be-
trächtliche Summe von den Restmitteln zu überlassen.

Und dann mußte ich noch für Prof. Nam vom KAIST Mittel auftreiben, damit er endlich eine Anlage hätte, mit der wir gemeinsam Projekte durchführen könnten. Es kam uns zugute, daß gerade zu dieser Zeit die VW-Stiftung ein Auslandshilfeprogramm gestartet hatte. Mein Antrag dort wurde bewilligt, und Prof. Nam bekam 100.000 DM zur Anschaffung von neuen Anlagen, worüber er sich natürlich riesig freute. Nun stand unserem Gemeinschaftsprojekt nichts mehr im Wege. Als 1980 in Seoul eine gemeinsame Sitzung der *Korea Science and Engineering Foundation* (KOSEF) und der Deutschen Forschungsgemeinschaft (DFG) stattfand, wo Möglichkeiten einer Zusammenarbeit erörtert werden sollten, flog ich als Mitglied der deutschen Delegation mit. Alle und besonders die Koreaner waren beeindruckt, als ich ihnen von Prof. Nams und meinem Projekt berichtete. Ich bat die KOSEF und die DFG, daß sie im jeweiligen Land die Projektträger finanziell unterstützen mögen. Die Zusammenarbeit mit Prof. Nam dauerte bis zum Jahr 1996, und wir konnten in diesen 16 Jahren insgesamt sieben Projekte durchführen.

Vom Ski-Bazillus infiziert

Zwischen Weihnachten und Anfang Januar sind immer Winterferien, und irgendwie hatten wir die Idee, es einmal mit dem Skilaufen zu versuchen, auch wenn wir nicht die geringste Ahnung davon hatten.

Wir kauften einfach für Ingrid und mich eine Art Universalski, der sich sowohl für die Abfahrt wie den Langlauf eignen sollten. Damit versuchten wir es dann auf eigene Faust im Harz und in der Rhön: Wie man sich denken kann, klappte es vorn und hinten nicht.

Also kauften wir im nächsten Jahr die damals modernen Kurzski und fuhren mit den Kindern in den Weihnachtsferien in die Rhön. Über erste Versuche kamen wir jedoch auch da nicht hinaus, aber alle hatten ihren Spaß.

Da Ende Februar die Semesterferien begannen, beschlossen wir, endlich richtig das Skifahren zu erlernen. Wir fuhren ohne Kinder in die Rhön, und unsere Skilehrerin schaffte es, daß wir nach einer Woche schon recht rasant die Hügel hinuntersausen konnten. Dies wollten wir dann gleich in den Osterferien wiederholen, wobei auch die Kinder Unterricht erhalten sollten. Glücklicherweise begannen die Ferien früh, und auf der Wasserkuppe gab es noch reichlich Schnee.

Wir Erwachsenen waren da schon völlig vom Ski-Bazillus infiziert, und auch die Kinder machten gute Fortschritte. Nach fünf Tagen fuhren sie fast besser als wir, und die ganze Familie war skiverrückt geworden.

In den Weihnachtsferien 1980/1981 ging es von Braunschweig aus nach Hahnenklee im Harz, wo vor allem Agnes gar nicht zu bremsen war. Kaum blieb Zeit zum Essen, zehnmal insgesamt fuhren wir mit dem Lift nach oben. Es war die anstrengendste Skifahrt meines Lebens, aber Agnes war überglücklich.

In den Osterferien 1981 ging es dann nach Mutters bei Innsbruck, wo sich in der Nähe ein großes Skigebiet befand und man auch den Stubaier Gletscher ohne große Mühe erreichen konnte.

Wir fuhren jeden Tag Ski, mußten aber doch feststellen, daß wir noch lange keine Experten waren. Oft waren die Abfahrten recht schwer für uns, und wir waren froh, immer glücklich wieder unten angekommen zu sein.

Wir übten eifrig, denn wir wollten gern auch auf den

Gletscher. Der Andrang bei der Gondelbahn war zwar enorm, aber im zweiten Anlauf schafften wir es und genossen oben einen grandiosen Ausblick auf all die schneebedeckten majestätischen Berge. Beim Skifahren zeigten die Kinder dann am wenigsten Furcht. Manchmal kommt es mir vor, als wären wir Erwachsenen gelegentlich viel zu ängstlich.

Ein Ausflug ins fast schon frühsommerliche Bozen, aber auch das Schwimmen im Hallenbad und Saunabesuche rundeten unseren Urlaub ab.

Nach unserem abenteuerlichen Ausflug zum Stubaier Gletscher stellte Ingrid beim Duschen fest, daß sie eine harte Stelle in ihrer linken Brust hatte. Sie vermutete zwar, daß es vom Hinfallen kam, wollte in Braunschweig dann aber doch zum Arzt gehen.

Wir hatten eine sehr schöne Rückfahrt nach Braunschweig und fuhren in einen kitschig roten Abendhimmel. Alle waren bester Laune, nur ich sorgte mich doch ein wenig um Ingrid.

Krebsoperation, ein Schock für uns alle

Nach unserer Rückkehr ging dann alles ganz schnell: Ingrid suchte ihren Arzt auf, der sie sogleich ins Städtische Krankenhaus einwies. Und als ich davon erfuhr, war sie bereits operiert worden. Ich war maßlos enttäuscht, daß ich sie nicht trösten und auf die Operation vorbereiten konnte, ja noch nicht einmal von Ingrids Brustkrebs gewußt hatte. Wie gern hätte ich ihr in dieser schwierigen Zeit beigestanden.

Auch die Kinder waren erschüttert, als sie davon erfuhren. Sie waren ganz verzweifelt und hatten große Angst, daß ihre liebe Mutti sterben könnte.

Vor allem Agnes, die immer sehr mitfühlend war, konnte sich kaum beruhigen, und auch in der Schule mußte sie dauernd weinen. Dabei war sie sonst immer so ein fröhliches Kind. Es tat mir schrecklich leid, daß die Krankheit ihrer Mutter sie so bedrückte.

Bei unserem nächsten Skiurlaub wieder in Mutters bei Innsbruck mußte Ingrid sich schonen und durfte uns beim Skilaufen nur zuschauen. So heiter und fröhlich wie im Vorjahr konnte es nicht wieder sein.

Auf Ingrids Operation folgte eine Strahlentherapie in der Uni-Klinik Göttingen, für die zufälligerweise ein koreanischer Professor zuständig war. Er versuchte alles, die in der Zeit recht verzweifelte Ingrid aufzurichten.

Ferienwohnung in den Bergen

Seit wir mit dem Ski-Bazillus angesteckt waren, suchte ich intensiver nach einer Ferienwohnung in der Schweiz. Wir hätten dort unserer Lieblingsbeschäftigung nachgehen können, gleichzeitig wäre es ein Ort der Ruhe gewesen nach all der anstrengenden Arbeit. Idealerweise stellte ich mir auch noch Weinberge in der Nähe vor. Doch auch wenn die Wohnungen in der Schweiz damals noch nicht so teuer waren wie heute, machte ich mir keine großen Hoffnungen, etwas im Rahmen unserer finanziellen Möglichkeiten zu finden.

Zu meiner Überraschung hatte Ingrid gegen meine Pläne nichts einzuwenden, zumal ihr Schwager nicht weit von Zürich entfernt wohnte und uns bei der Suche vielleicht behilflich sein könnte. Wir besichtigten einiges, doch ohne Erfolg: Entweder waren die Orte für Ausländer gesperrt, oder aber es gab so viele hohe Mietshäuser, daß man gar nichts von den Bergen sehen konnte. Also suchte ich weiter in den Zeitungsanzeigen.

Endlich fand ich eine nicht zu teure 3-Zimmer-Wohnung nahe des Genfer Sees. Kurz entschlossen fuhr ich mit Ingrid in die Schweiz. Der Ort war tatsächlich nur etwa 20 km vom Genfer See entfernt, allerdings befand sich die Wohnung in einem 20-stöckigen Hochhaus und stand direkt neben einer Chemiefabrik von Ciba Geigy mit Blick auf die luftverpestenden Schornsteine. Wir waren sehr enttäuscht, aber dann beim Mittagessen stieß Ingrid zufällig auf eine Anzeige in einer Regionalzeitung. Angeboten war eine 4-Zimmer-Wohnung im Erdgeschoß, auf 950 m Höhe zwischen Weinbergen gelegen mit schöner Aussicht auf die Berge. Beide waren wir gleich begeistert.

Da die Wohnung im französischsprachigen Wallis lag, machten sich Ingrids ausgezeichneten Französischkenntnisse bezahlt, und gleich nahmen wir Kontakt mit dem Vermieter auf. Bereits Anfang März fuhren wir gemeinsam mit den Kindern dorthin.

Das Appartement befand sich in einem Gebäude mit zehn weiteren Wohnungen am Rande des Dorfes Granois in der Gemeinde Savièse oberhalb der Weinberge. Vom Balkon aus sah man die schneebedeckte Dent Blanche und das Matterhorn. Gleich waren wir entschlossen, diese Wohnung zu nehmen. Da es eine eingerichtete Küche gab, hätte man jederzeit einziehen können. Zunächst aber ging es wieder zurück nach Hause.

Kaum waren wir von Sion aus etwa 50 km gefahren, begann plötzlich ein Schneesturm. Und als wir sahen, daß vor uns ein Auto im Graben landete, übernachteten wir sicherheitshalber in einem Hotel in Aigle.

Die Formalitäten um den Kauf mußte Ingrid dann allein bewältigen, da ich als UNDP-Berater in Korea war. Alles klappte so hervorragend, daß wir bereits im Dezember die neue Wohnung beziehen konnten. Kurz vor Weihnachten kam meine Schwester aus Korea, und nach einer gemütlichen Weihnachtsfeier in Braunschweig fuhren wir zum ersten Mal zu unserer neuen Wohnung in der Schweiz. Obwohl wir wichtige Dinge wie Bettwäsche und Geschirr mitgenommen hatten, mußten wir anfangs doch improvisieren. Während wir mit der Erstausstattung der Wohnung kämpften, war die einzige Sorge der Kinder, wo und wann sie Skifahren könnten. Bereits drei Tage später ging es nach Evolène im Val d'Hérens, das etwa 40 km von uns entfernt lag. Hier gab es nämlich sowohl die Möglichkeit zum Abfahrtsski als auch zum Skilanglauf, an dem Christoph zu der Zeit besonders interessiert war. Da er eine herrliche Loipe entdeckt hatte, bat ich ihn, mich beim nächsten Mal mitzunehmen. Allmählich fühlte ich mich von der Abfahrt etwas überfordert. Doch wie mir Christoph gleich völlig zu recht sagte, ging natürlich auch das Langlaufen nicht ohne Anstrengung und viel Training. Das wurde mir aber erst später richtig klar. Noch heute ist diese Langlauf-Loipe meine Lieblingsstrecke.

Der Rückflug meiner Schwester nach Korea sollte in Zürich starten. Ausgerechnet am Vorabend begann es heftig zu schneien, so daß ich Sorge hatte, rechtzeitig zum Flughafen zu kommen. Doch hat alles geklappt, und wir fuhren anschließend mit den Kindern zurück nach Braunschweig.

1983 gab es dann viel zu tun, das Appartement wohnlich zu gestalten.

Als Partner und Berater in Korea

Die gemeinsame Arbeit mit Prof. Nam nahm Gestalt an, und es mußte zunächst eine Anlage eines amerikanischen Herstellers erworben werden. Erste Verhandlungen mit dem koreanischen Zweigstellenleiter waren geführt worden, die Lieferung sollte von Japan aus erfolgen, weshalb ich mit Prof. Nam zusammen dort hinfuhr.

Eines Abends lud der uns begleitende koreanische Zweigstellenleiter mich und Prof. Nam zum Abendessen in einem vornehmen Hotel in Seoul ein, bei dem wir nicht nur gut aßen, sondern auch reichlich tranken. Wir waren in bester Stimmung, als gegen 23 Uhr die beiden Herren zu mir sagten, ich solle wegen der späten Stunde doch lieber in dem Hotel übernachten, in dem wir gefeiert hatten. Sie betonten, daß es mir an nichts fehlen würde, und zwinkerten dabei verschwörerisch mit den Augen. Sogar die Hotelkosten seien übernommen. Als ich mich in meinem sehr geräumigen Zimmer dann zu Bett legen wollte, klopfte es an der Tür. Vor mir stand die Dame, die uns auch beim Abendessen und Trinken bedient hatte. Sie kam in mein Zimmer und sagte, daß sie bei mir übernachten würde. Ich war vollkommen irritiert und ratlos. Zu meiner Erleichterung sagte sie, daß sie zunächst noch wegen ihrer Kopfschmerzen nach einer Apotheke suchen wollte. Als sie gegen 3 Uhr morgens zurückkam, schlug ich ihr vor, mit der Hälfte der Schlafdecke auf dem Sofa zu schlafen, womit sie einverstanden war. Eindringlich bat ich sie, den beiden Herren, von denen sie Geld für die Nacht bekommen hatte, niemals zu sagen, daß ich nicht mit ihr geschlafen hätte. Dies war mein erster „Beinahe-Seitensprung".

Von Juli bis August 1982 war ich für zwei Monate als Berater des *United Nations Development Program* (UNDP) in Korea. Dort begrüßte mich der neue Abteilungsleiter Dr. Hwang, der eigentlich kein Schweißfachmann war und auch von mir lernen wollte. Die Industrie in Korea und insbesondere der Schiffbau wuchs damals rasant, und man benötigte dringend Schweißfachpersonal. So hielt ich zusätzlich zu meinen Seminaren einen Lehrgang für etwa 150 Teilnehmer ab. Das Institut war in der Nähe eines Badeortes mit heißen Quellen, aber ohne Auto hatte ich kaum eine Chance, dorthin zu kommen, weil ich im Gästehaus des Instituts recht abseits untergebracht war. Mein einziger Trost war, daß meine drei Brüder mich ab und zu besuchten. So war ich nach einer recht langweiligen Zeit froh, wieder nach Hause fliegen zu können. Einige Tage vor meinem Abflug bat mich der Chairman des Daewoo Konzerns, zu ihm zu kommen. Er wollte, daß ich drei seiner Ingenieure in Deutschland auf dem Gebiet der Schweißtechnik weiterbilden sollte. Doch da ich in Braunschweig bereits fünf Doktoranden hatte, war es mir unmöglich, drei weitere Leute neu aufzunehmen. Wir einigten uns dann auf zwei Ingenieure, die ich mir selbst aus einer Liste aussuchen sollte. Sofort fand ich zwei, die im KAIST studiert hatten, als ich dort als *Invited Professor* tätig gewesen war.

Vor meinem Rückflug besuchten noch zwei meiner Mitarbeiter, Th. Lampe und W. Kohler das KAIST, da sie für jeweils eines der gemeinsamen Projekte verantwortlich waren. Ich freute mich riesig, sie dort zu sehen, auch wenn ich kaum Zeit hatte, ihnen ein wenig von Korea zu zeigen. Doch sollen unsere koreanischen Partner sie sehr aufmerksam betreut haben, wie ich später erfuhr.

Nach Korea und Japan

Ingrid wurde nach Bad Sooden-Allendorf zur Kur geschickt, wo ich sie oft gemeinsam mit den Kindern besuchte. Da ihr der Aufenthalt dort sehr guttat und sie
neuen Lebensmut gewann, beschlossen wir, daß sie sich
dort mehrmals jährlich behandeln lassen sollte. Bis 1987
war sie oft dort und wurde wieder viel fröhlicher.

Im Herbst 1983 besuchte ich gemeinsam mit Ingrid
meinen Projektpartner Prof. Nam vom KAIST. Auch
machten wir einen Abstecher nach Japan, um Prof. Iida
zu besuchen, dem ich von meiner Tätigkeit als UNDP-
Berater in Daeduk in Korea berichten wollte. Er hatte
mir nämlich diese Aufgabe übertragen.

Zurück in Korea suchte ich gleich den Daewoo Chef
W.-C. Kim auf, dessen Ingenieure seit März bei mir arbeiteten, um ihm von ihrer Tätigkeit zu berichten. Als er
hörte, daß ich gemeinsam mit meiner Frau in Korea war,
lud er uns zum Abendessen zu sich nach Hause ein. Sein
Fahrer holte uns pünktlich um 19 Uhr ab und brachte
uns zu seinem Haus südlich des Han-Flusses. Die Begrüßung durch seine Frau war herzlich, auch seine Kinder,
zwei Mädchen und ein Junge von etwa 18 Jahren waren
anwesend.

Während des Essens unterhielten wir uns auf Englisch, und unsere Gastgeber waren neugierig auf meine
Frau und ihre Tätigkeit als Pastorin. Wir sprachen auch
über das Alltagsleben in Deutschland, den Schulbesuch
und die Ausbildung der Kinder. Seine Kinder folgten unserer Unterhaltung aufmerksam, und ich hatte den Eindruck, daß sie alles verstanden.

Der Arbeitskreis „Plasma-Oberflächentechnologie"

Das Jahr 1983 war wissenschaftlich gesehen für mich äußerst erfolgreich. Viel wichtiger war noch, daß ich in diesem Jahr eine bedeutende Initiative ergriff, wovon hier ausführlicher die Rede sein soll. Dadurch änderte sich vieles in meinem Leben. Die spätere Neugründung und Übernahme eines Lehrstuhls und die Leitung eines neuen Instituts – dafür habe ich eigentlich in dem Jahr den Grundstein gelegt. Auch für den Beginn einer internationalen Tagungsreihe *Plasma Surface Engineering* in Garmisch-Partenkirchen war ich verantwortlich, und eine solche Tagungsreihe rief ich dann später auch in Asien ins Leben. Das Allerwichtigste aber war die Gründung des Arbeitskreises „Plasma-Oberflächentechnologie" in Deutschland, was den Grundstein all dieser Aktivitäten darstellte.

Es war Oktober 1983. Mein Mitarbeiter Herr Lampe, der kurz zuvor promoviert hatte, kam zu mir und erzählte, daß er und ein Dr. Grün von einer Firma nach dem Besuch eines Seminars gemeinsam mit dem Auto zurückgefahren seien, und daß sie dabei nach intensiver Diskussion zu dem Schluß gekommen seien, daß wir in Deutschland auf diesem neuen Fachgebiet „Plasma-Oberflächentechnologie" unbedingt einen Arbeitskreis brauchten, um die Forschung voranzutreiben und die Zusammenarbeit zu fördern. Darauf erwiderte ich, daß ich in Kürze einen solchen Arbeitskreis gründen würde, und ich bat ihn, die Adressen all der Personen festzustellen, die auf diesem neuen Gebiet arbeiteten.

Anfang November fand dann im Gästehaus der TU eine Gründungssitzung mit nur etwa 30 Personen statt, bei der ich Gründungsvorsitzender wurde und für die nächsten 16 Jahre als Vorsitzender fungierte. Wir beschlossen, zweimal jährlich im November und im Mai eine Sitzung bei verschiedenen Hochschulen und Firmen abzuhalten. Dieser Arbeitskreis leistete dann enorm viel für die führende Position Deutschlands auf diesem Gebiet und wurde später ein Gemeinschaftsausschuß sämtlicher auf dem Gebiet führenden wissenschaftlich-technischen Verbände mit über 300 Mitgliedern. Noch heute bin ich Ehrenvorsitzender dieses Arbeitskreises.

Im Jahre 1988 unterstützte mich dieser Arbeitskreis bei der Gründung einer neuen internationalen Tagungs-Reihe *Plasma Surface Engineering* – „Plasma-Oberflächentechnologie". Wegen der dringenden Notwendigkeit der Zusammenarbeit im europäischen Rahmen gründete ich mit europäischen Kollegen aus 15 Ländern in Düsseldorf im Herbst 1989 das *European Joint Committee* (EJC) *for Plasma Surface Engineering*. Als Gründungsvorsitzender war ich dann parallel zum Arbeitskreis für Deutschland 15 Jahre lang auch Vorsitzender des EJC.

Gastprofessur in Lausanne und Sonderforschungsbereich in Braunschweig

Als ich im Jahre 1979 die erste LCF-Tagung in Stuttgart veranstaltete, konnte Prof. Ilschner von der Universität Erlangen nicht teilnehmen, aber er lud mich noch im Dezember ein, in seinem Institut einen Vortrag zu halten. Beim anschließenden gemütlichen Beisammensein mit den Mitarbeitern des Instituts lernte ich Prof. Ilschner persönlich näher kennen. Nach dem Verlust seiner ersten Frau heiratete er eine Pastorin aus Braunschweig und bat mich, Pate seines neugeborenen Sohnes Benjamin zu werden. Nachdem er 1982 einen Ruf an die TH Lausanne angenommen hatte und ich im selben Jahr die Wohnung im Wallis erwarb, blieben wir in engem Kontakt. Außerdem arbeiteten wir teilweise auf demselben Gebiet, so daß wir auch wissenschaftlich viele Gemeinsamkeiten hatten. So war es logisch, daß er mich für vier Monate als *Visiting Professor* nach Lausanne einlud, vor allem, um seinen chinesischen Mitarbeiter bei seiner Doktorarbeit zu unterstützen. Allerdings mußte ich keine Vorlesungen halten, was wegen meiner mangelhaften Französischkenntnisse auch nur schlecht möglich gewesen wäre. Also arbeitete ich von Juni bis September 1984 in Lausanne und bekam durch die Vermittlung der Familie Ilschner ein sehr schönes Studio inmitten von Weinbergen. Nach der Arbeit machte ich Spaziergänge am Genfer See, an den Wochenenden fuhr ich ins Wallis in die eigene Wohnung.

Während meines Aufenthaltes in Lausanne entwickelte ich eine Theorie über das Hochtemperaturverhalten von Metallen im Rahmen von *Low Cycle Fatigue*. Seit Jahren schon verfolgte ich einen bestimmten Grundgedanken, mehr eine vage Vorstellung, und hoffte diesen nun konkretisieren zu können. Dabei waren mir die Diskussionen mit Prof. Ilschner, dem damals führenden Experten auf dem Gebiet des „Hochtemperaturverhaltens der Metalle", sehr wichtig. Da ich Pionier auf dem Gebiet des *Low Cycle Fatigue* war, ergänzten sich unsere Spezialkenntnisse hervorragend. Diese von mir entwickelte Theorie fand im Jahre 1987 Eingang in die Dissertation meines Mitarbeiters Herrn Schmidt, eine Weiterentwicklung hinsichtlich der Anwendung ist in der Dissertation meines Mitarbeiters Herrn Olfe im Jahre 1996 enthalten.

So war mein Aufenthalt in Lausanne wissenschaftlich sehr fruchtbar, und es war schön, Familie Ilschner näher kennenzulernen. Während der Zeit arbeiteten meine beiden tüchtigen Mitarbeiter Schmidt und Schubert in Braunschweig intensiv an der Grundlegung des Sonderforschungsbereiches (SFB) der Deutschen Forschungsgemeinschaft und unterstützten meine Kollegen Prof. Steck und Prof. Ritter nach Kräften. Mit Prof. Steck, der schon Gutachter bei meiner Habilitation gewesen war, hatte ich gemeinsam die Idee für diesen SFB entwickelt. Die Planung und Finanzierung für die nächsten drei Jahre mußte erstellt werden, wobei es nicht nur um die Anträge der etwa 15 Teilnehmer des SFB ging, sondern auch um die Planung einer geeigneten Struktur und Mittelverwaltung, wenn unsere Anträge genehmigt werden sollten. Dank meiner großartigen Mitarbeiter gelang alles planmäßig, der neue SFB wurde bewilligt und existierte mit Verlängerungen insgesamt 12 Jahre lang.

Korea-Besuch mit der ganzen Familie

Das Jahr 1985 war eines der ereignisreichsten Jahre in meinem Leben, nicht nur wegen einiger Fernreisen, auch wegen der Ereignisse in Braunschweig selbst.

Zunächst einmal wurde Agnes 14 Jahre alt und sollte im Frühjahr konfirmiert werden, außerdem wollte sie gern einmal etwas auf eigene Faust ohne die Familie unternehmen. Da kam Ingrid auf die Idee, doch in den Osterferien mit allen gemeinsam nach Korea zu fahren. Dies bot sich umso mehr an, als ich ja ohnehin dort als Berater tätig war. Wir dachten, die Ostküste und den Süden mit der alten Stadt Gyeongju besuchen zu können.

Die Kinder waren sofort begeistert, und wir wollten gleich klären, ob ein Besuch Ende März / Anfang April möglich wäre. Und dann traf ich alle notwendigen Vorbereitungen, wozu in erster Linie die Flugtickets gehörten.

Da ich infolge meiner vielen Reisen für Daewoo reichlich Freiflugmeilen angesammelt hatte, konnten wir alle zusammen in der Business Class fliegen. Diesmal ging es auf der Südroute über Zürich und Djidda nach Seoul. Wir starteten am 27. März 1985, und obwohl Christoph erst knapp 16 Jahre alt war und Agnes 14, benahmen sie sich wie erfahrene Weltreisende.

Am 28. März kamen wir in Seoul an. Da ich als Berater immer im Hotel „Hilton" übernachtete, mieteten wir uns auch diesmal dort ein. Schon am nächsten Tag ging es über Busan nach Okpo auf der Insel Geoje. In dieser etwa zehn Jahre zuvor entstandenen Stadt lebten mehr oder weniger nur Werftarbeiter, und es gab nicht mehr als einige kleine Läden für den Alltagsbedarf. Außerhalb des Werftgeländes war ein meist menschenleerer, ungepflegter Strand. Trotz des Ende März noch sehr kalten Wassers lief Christoph barfuß dort herum. Unser einfaches Hotel war das einzige auf der Insel, es gab noch ein Restaurant und ein Café, das während meiner Aufenthalte dort immer mein Stammlokal war. So erfuhr die Familie, wo ich schlief, aß und meine Freizeit verbrachte, wenn ich mich als Berater in Korea aufhielt.

Diesmal hatte ich fünf Tage in der Werft zu tun, und Ingrid gab sich alle Mühe, damit sich die Kinder nicht langweilten. Wenn ich sonst einmal auswärtige Gäste mit nach Okpo brachte, zeigten wir ihnen die Werft. Dafür waren die Kinder damals aber noch zu klein.

Ein Vorstandsmitglied der Firma, T.-S. Kim, sollte bald zu Verhandlungen nach Deutschland kommen, und er wollte bei dieser Gelegenheit auch mich und mein Institut für Schweißtechnik besuchen. Mit ihm zusammen machten wir dann eine Rundfahrt über die Insel, zunächst in Richtung Choongmu. Was wir dabei zu sehen bekamen, hat uns sehr beeindruckt. Entlang der Küste lagen zahlreiche winzige Inseln, Austernkulturen waren durch weiße Plastikkugeln markiert. Überall auf den Hügeln und am Rand der Strände blühte die „Jindalle", eine Art Azalee, deren Besonderheit war, daß die Blätter erst nach der Blüte wachsen. Diese Wildblume zeigt als allererste im Frühling ihre zart lilafarbenen Blüten, und die Koreaner lieben sie sehr. An den Berghängen sah man auch viele Gräber wie kleine Halbkugeln aus Erde. Wir aßen in Choongmu und fuhren entlang der Küste wieder zurück nach Okpo, wobei wir diesmal viele blühende Kamelien am Straßenrand fanden. Alles wirkte recht romantisch, und wir fühlten uns sehr heimisch.

Nach meiner Arbeit fuhren wir zu meinem Bruder nach Masan, da das „Kirschblütenfest" begann. Auf seinen Vorschlag hin besuchten wir die Nachbarstadt Jinhae, deren Kirschblütenfest landesweit bekannt war. Meist benutzten wir den Übertragungswagen des lokalen Fernsehsenders MBC, bei dem mein Bruder als Abteilungsleiter tätig war. So bekamen wir für das Fest die besten Plätze. Männer in historischen Trachten veranstalteten eine Zeremonie nach altkoreanischer Art, eine farbenprächtige Gruppe zeigte für Europäer ungewohnte Tänze, eine große Gruppe junger Koreanerinnen in bunten Trachten führte traditionelle koreanische Tänze auf. Die Zuschauer klatschten begeistert. Nach der Vorführung schlenderten wir in der Umgebung der Stadt herum und bewunderten die blühenden Kirschbäume. Man konnte sich wirklich nicht satt daran sehen.

Bereits am nächsten Tag starteten wir nach Gyeongju an der Ostküste. Da ich seit fünf Jahren für POSCO in Pohang als Berater tätig war, hatte ich dort schon von Deutschland aus angefragt, ob sie bei der Beschaffung einer Unterkunft behilflich sein könnten. Und sie organisierten alles: Wir hatten eine wirklich riesige Suite im

Gästehaus, und ein Wagen mit Chauffeur stand uns für verschiedene Besichtigungstouren zur Verfügung.

Gyongju war im ersten nachchristlichen Jahrtausend die Hauptstadt der Shilla-Dynastie gewesen, und so fanden sich dort unzählige Sehenswürdigkeiten, für deren Besichtigung man mehr als eine Woche gebraucht hätte. Also mußten wir uns ein wenig beschränken.

Wir begannen bei den Königsgräbern, die von außen wie Hügel aussehen. Und natürlich mußten wir zum Bulguksa-Tempel, dessen Marmortreppe vor dem Eingang ein so prachtvolles Meisterwerk ist, daß jeder Tourist sie fotografieren mußte. Auch das Nationalmuseum stand auf unserem Programm und die berühmte Sternwarte aus der Zeit der Königin Seondeok (632 – 647) sowie die Reste des Sommerpalastes aus der Shilla-Dynastie. Dann mußten wir auch schon nach Seoul zurück, wo sich unser

Ingrid vor dem Bulguksa-Tempel in Gyong-Ju

Hotel etwas außerhalb inmitten von Bergen und Bächen befand.

Am ersten Tag gingen wir sofort nach dem Frühstück zum Königspalast „Changdeokung", den die Kinder zum ersten Mal sahen. Und dann standen noch Einkäufe auf dem Basar vor dem alten Südtor auf dem Programm. Am folgenden Tag gab es ein großes Treffen fast aller Verwandten mit ihren Kindern bei meinem Vater. So etwas hatte ich vor ungefähr 25 Jahren zuletzt erlebt, und auch mein Vater war sehr bewegt. Wir sahen ihn bei dieser Gelegenheit zum letzten Mal, da er genau ein Jahr später starb. Ich bin sehr froh, von meinem Vater inmitten aller Enkelkinder und Verwandten einschließlich meiner Frau ein Foto aufgenommen zu haben.

Wir besuchten auch noch das „Folks-Village" in Suwon mit seinen vielen typischen altkoreanischen Häusern und Bauernhöfen. Besonders begeistert waren alle

Erstes Treffen mit dem Großvater und der gesamten Rie-Familie

(außer mir) vom koreanischen Reiswein „Makeoli", zu dem man in Korea „Chapsaldeog", eine Art Reiskuchen, und „Bindaedeog", einen gebratenen Mungobohnen-Pfannkuchen ißt.

Am folgenden Tag mußten Agnes und Ingrid vorzeitig nach Deutschland zurück, da für die Konfirmanden der Vorstellungsgottesdienst in unserer Kirche vorgesehen war. Mit Christoph blieb ich noch drei weitere Tage in Seoul.

Gemeinsam mit meiner Schwester besichtigten wir das neue Olympiastadion, das für die Spiele 1988 gebaut worden war und einen imposanten Eindruck machte.

Ein Unfall und ein schöner Urlaub

Ende Juli fuhr Ingrid mit beiden Kindern ohne mich in die Schweiz, da ich wie so häufig einige dringende Angelegenheiten in Braunschweig zu erledigen hatte und auf meinen Urlaub verzichten mußte. Auf der Rückfahrt machte sie einen kurzen Zwischenstop in Bern, wo sie wie viele andere in der Aare schwimmen ging. Leider rutschte sie dann beim Duschen so unglücklich aus, daß sie mit einer Gehirnerschütterung ins Krankenhaus kam. Sie organisierte dann aber gleich, daß die Kinder mit dem Zug allein nach Braunschweig zurückkehrten.

Kaum hörte ich von diesem Unfall, fuhr ich sogleich nach Bern und holte Ingrid aus dem Krankenhaus ab. Glücklicherweise hatte sie sich schon recht gut erholt, doch machte ich mir neben ernsthaften Sorgen wegen ihrer Gesundheit auch Vorwürfe, sie so oft mit den Kindern alleingelassen zu haben.

Wir fuhren zu unserer Wohnung zurück, wo ich gemeinsam mit ihr nun Urlaub machte. Immer schon hatte sie die schönsten Gegenden des Wallis kennenlernen wollen, und so nahmen wir den Postbus, da die Fahrt im eigenen Wagen bei den engen und kurvigen Straßen keine Erholung gewesen wäre.

Die erste Fahrt ging zum Rawil-Paß mit dem Lac de Tseuzier, wo wir eine ausgedehnte Wanderung unternahmen. Drei Tage später war der Talkessel von Derborence unser Ziel, den schon Charles Ferdinand Ramuz als eine „Quelle der Inspiration" beschrieben hatte. Auch uns hat dort der Urwald mit seiner außergewöhnlichen Flora sehr beeindruckt.

Am nächsten Tag war Mariä Himmelfahrt, und wir fuhren nach Evolène, um uns die Prozession anzuschauen. Weitere Ausflüge führten uns unter anderem ins Val de Nendaz und nach Grand Dixence mit seinem Stausee. Dessen Staumauer soll mit ihren 285 m die höchste Europas sein, und erst wenn man dort oben steht, wird einem das ganze Ausmaß dieses technischen Meisterwerks bewußt.

Mein 50. Geburtstag

Zu meinem 50. Geburtstag hatte ich nicht nur meine damaligen, sondern auch viele ehemalige Mitarbeiter und Freunde eingeladen. Als wir überlegten, wo wir mit den erwarteten 40 Personen feiern sollten, schlug Ingrid ein chinesisches Restaurant vor. Es sei eine gute Idee, etwas Asiatisches zu bieten, und Peking-Ente, die viele noch nie gegessen hatten, schien uns sehr geeignet. Wir reservierten in einem Wolfenbüttler Chinarestaurant, für die Weine wollte ich selber sorgen, da mein Schwager damals in einem fränkischen Weinbaugebiet lebte und ich etwas ganz besonderes anbieten wollte. Wir waren dann insgesamt 50 Personen und feierten fröhlich bis gegen Mitternacht.

Auf dem Rückweg geschah dann etwas sehr kurioses: Ingrid ging mit den Kindern zum Auto, ich folgte mit einer übriggebliebenen Kiste Wein und den Geschenken, als mir einfiel, im Restaurant etwas vergessen zu haben. Also stellte ich alles einfach ab und machte mich rasch auf den Weg, zumal es Nacht war und weit und breit kein Mensch zu sehen. Nach kaum fünf Minuten war ich zurück und fand den Korb mit meinen Geschenken dort, wo ich ihn abgestellt hatte. Nur von der Weinkiste war nichts zu sehen. Diese hatte jemand in der kurzen Zeit offensichtlich mitgehen lassen.

Als Ingrid davon hörte, lachte sie laut auf. Wir wunderten uns nur, daß der Dieb die Geschenke verschmäht hatte. Glücklicherweise hatten wir zu Hause noch Wein, so daß wir dort ein wenig weiterfeiern konnten.

Tagungen und Bergtouren

Da ich vorhatte, 1987 in München eine Internationale Tagung auf dem Gebiet der *Low-Cycle Fatigue* zu veranstalten, schien es mir ratsam, zuvor an einer ähnlichen Veranstaltung in den USA teilzunehmen, die von bekannten Fachleuten organisiert wurde. Viele prominente Wissenschaftler erschienen zu diesem Kongreß, hinter dem der große amerikanische Konzern *General Electrics* (GE) stand, da das Thema mit dem Bau von Turbinen und warmlaufenden Anlagen zu tun hatte.

Auch fand die Tagung am Firmensitz von GE in Schenectady, NY statt. Dort traf ich viele weltbekannte Wissenschaftler aus den USA, Kanada, Japan und Europa, und alle versprachen mir, mich bei der Organisation der Tagung in München im darauffolgenden Jahr 1987 zu unterstützen.

Zufrieden mit dem Ablauf rief ich meinen Gymnasialfreund Dae-Mook Lim in Albany, einer Nachbarstadt von Schenectady an. Ein Freund in Korea hatte mir seine Adresse gegeben. Mehr als 27 Jahre hatte ich ihn nicht gesehen und war interessiert, was aus ihm geworden war. Als Dae-Mook Lim, der inzwischen auf Frühgeborene spezialisierter Kinderfacharzt war, mich abholte, erkannte ich ihn sofort wieder. Die große Überraschung kam erst später, als er mir bei sich zu Hause seine Frau vorstellte. Auch sie kannte ich seit ewigen Zeiten! Während unserer gemeinsamen Zeit in der koreanischen Sonntagsschule war sie, die Schwester eines mit uns befreundeten jungen Pastors, stets einen Jahrgang unter uns gewesen. Sie hatten eine Tochter, die in Yale studierte.

Drei Tage lang blieb ich bei ihnen, und wir machten nette Ausflüge in die Umgebung. Zum Abschied versprach ich, ihn bald wieder zu besuchen, aber nun sind schon wieder über 20 Jahre vergangen, seit ich ihn zuletzt gesehen habe.

Im August desselben Jahres mußte ich in die Schweiz und bat Christoph, mich zu begleiten. Er war ein leidenschaftlicher Bergsteiger und Wanderer, und auch wenn ich selbst weder seine Fähigkeiten hatte noch auch nur annähernd gleich gut ausgerüstet war, unternahmen wir einige schöne Touren. Wir gingen zum Val d'Hèrens, und auch, wenn ich es nicht ganz bis zum Gipfel schaffte, war es ein großartiges Erlebnis. Einen Tag später folgten wir von Andermatt aus dem Urschener Höhenweg, ein Abenteuer auf über 2000 m Höhe, wo man wegen des Schnees kaum den Weg sehen konnte. Noch nie war ich

Christoph als Bergsteiger in den Alpen

in solcher Höhe gewandert, aber es war sehr romantisch, und ich bin Christoph für dieses unvergeßliche Erlebnis unendlich dankbar. Wir sahen schneebedeckte Dreitausender – Mittagstock, Lochberg und Winterstock – und übernachteten in der Albert-Heim-Hütte.

Bei Sonnenaufgang sahen wir einen majestätischen Berg, den Galenstock mit einer Höhe von 3583 m. Ich war so überwältigt, daß ich Christoph bat, sich in vollständiger Wanderausrüstung davor zu postieren, und dann machte ich von ihm eine sehr schöne Aufnahme. Wenn ich dieses Bild betrachte, denke ich an Christoph.

Der Besuch im Tempel

Als Dr. S.-C. Kwon vom *Korea Institute of Machinery and Materials* (KIMM) mich fragte, ob ich als UNDP-Berater des Entwicklungsprogramms der Vereinten Nationen dort tätig sein könnte, antwortete ich, daß ich nur dann nach Korea kommen würde, wenn es sich um eine kürzere Zeit als 4 Wochen handelte und ich meine Arbeit ganz oder teilweise in der Ferienzeit erledigen könnte, da ich meine bis Ende Februar dauernden Vorlesungen in Deutschland nicht vernachlässigen wollte. So kam ich am 30. Dezember 1986 in Korea an. Es gab noch einen anderen Grund, warum ich gerne nach Korea kommen wollte: Mein Vater war im April desselben Jahres gestorben, und ich hatte nicht an seiner Beerdigung teilnehmen können. Daher wollte ich gern sein Grab besuchen. Gemeinsam mit meinen drei jüngeren Brüdern und meiner ebenfalls jüngeren Schwester hatte ich in Masan Silvester gefeiert. Am Neujahrstag schlug mein Bruder vor, gemeinsam einen bekannten buddhistischen Tempel aufzusuchen. Er, der infolge seiner Tätigkeit für den lokalen Fernsehsender sehr bekannt war, hatte unseren Besuch dort schon angemeldet. Nach dem Frühstück starteten wir mit zwei Autos nach Norden zum etwa 50 km von Masan entfernt liegenden Tempel. Wie ich später erfuhr, hatte mein Bruder über diesen Tempel einmal eine Sendung gemacht, weshalb der Abt besonders freundlich war. Als er hörte, daß ich in Deutschland als Professor tätig war, interessierte er sich sehr dafür und fragte mich über die Lebensumstände und meine Tätigkeit an der Universität aus. Dann bat er mich, ihm meinen Namen zu nennen, und er holte aus dem Schrank Pinsel, Reispapier und Tuschzeug. Auf Chinesisch schrieb er „Ewig andauerndes Glücksgefühl in der Familie". Auch wenn ich kein Kalligraphieexperte bin, erkannte ich doch gleich die hohe Qualität seiner Arbeit. Dann nahm er ein weiteres Blatt und schrieb auf Koreanisch ein Gedicht. Schließlich überreichte er mir die beiden etwa 180 cm langen und 50 cm breiten Blätter. Und dann sah ich auch, was er geschrieben hatte: Es war ein Gedicht über mich, über seinen Eindruck von mir. Ich war so bewegt von dieser Ehre und Anerkennung, daß ich ihm von ganzem Herzen dankte.

Diese beiden Pinselschriften hängen heute unter Glas gerahmt im Eingangsraum und im Wohnzimmer unseres Hauses. Wenn Besucher mich fragen, was denn da auf dem Papier stehe, übersetze ich stolz dieses Gedicht über mich.

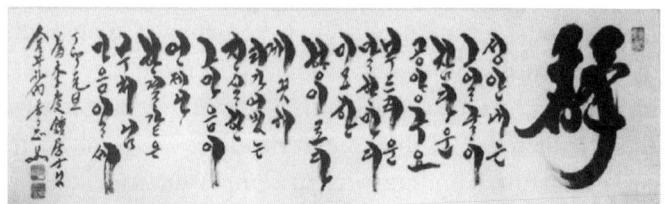

Kalligraphie – ein Gedicht über mich persönlich mit meinem Namen

Tagung und Urlaub in Israel

Im Frühjahr 1987 war in Jerusalem eine Internationale Tagung über dünne, nach bestimmten Verfahren hergestellte Schichten. Damals hatte ich einen Forschungsauftrag von Krupp-Widia mit dem Ziel der Entwicklung eines neuen Verfahrens, wodurch dünne Schichten nicht erst bei 1000° C, sondern schon bei 500° C bis 600° C in hoher Qualität hergestellt werden sollten. Diese sehr harten und verschleißfesten dünnen Schichten wurden in der Industrie in vielfältiger Weise verwendet, und es gelang mir tatsächlich, ein neues Verfahren zur Niedertemperatur-Abscheidung serienreif zu entwickeln. Meinem Projektpartner bei Krupp-Widia schlug ich vor, in Jerusalem einen Vortrag über unser Verfahren zu halten. Ich wollte Ingrid gerne bei mir haben, da sie als Theologin zum einen natürlich sehr interessiert war, einmal Israel zu besuchen, andererseits mir mit ihren Kenntnissen über das Land und seine Geschichte eine große Hilfe sein würde.

Die Tagung dort war für uns alle ein Erlebnis: Arbeit, Restaurantbesuche, Empfänge und Museumsbesichtigungen wechselten sich ab. Und wir unternahmen einen Ausflug nach Massada und Jericho und badeten im Toten Meer. Es war ein herrliches Gefühl, so mühelos an der Wasseroberfläche zu schweben.

Auch Qumran, wo 1947 zahlreiche Schriftrollen mit Texten aus dem Alten Testament in den Höhlen der Umgebung gefunden worden waren, stand auf unserem Programm.

Nach der Tagung unternahm ich gemeinsam mit Ingrid noch eine zweitägige Rundfahrt, die uns durch das Wüstental nach Jericho, dann durch das Jordantal und schließlich zum See Genezareth führte. Anschließend besuchten wir Kapernaum, Tiberias und Nazareth, bevor es dann nach Jericho und Jerusalem zurückging.

Und wieder mit Ingrid in die USA

Amerikanische Wissenschaftler waren auf dem Gebiet der Plasma-Oberflächentechnologie *(Plasma Surface Engineering)* weltweit in einigen Teilbereichen führend, und da für mich das gleiche in Europa galt, wollte ich sehen, was sich in den USA auf meinem Spezialgebiet, dem *Plasma Diffusion Treatment* tat. Übersetzen kann man dies als „Wärmebehandlung von Metallen im Plasma". Drei Experten hatte ich ausgesucht, jeweils einen aus Industrie, Forschungsinstitut und Hochschule, um ihre Anlagen zu besichtigen und mit ihnen über die Entwicklungschancen in der Zukunft zu diskutieren. Es sollte nur eine kurze Reise vom 12. bis 18. August 1987 werden, und ich fragte Ingrid, ob sie mich begleiten würde. Es war für mich immer eine ganz große Stütze gewesen, wenn ich Ingrid auf meinen großen Reisen dabei hatte, ich war viel gelassener und konnte die Reise viel mehr genießen.

Von Hannover aus ging es nach Boston zu Mr. Kovacs, Präsident der Elatec Co. Er zeigte mir seine zu der Zeit noch relativ kleine Firma, da der Einsatz unserer neuen Technologie damals noch in den Kinderschuhen steckte. Ingrid besichtigte unterdessen mit Mr. Kovacs Sekretärin die Stadt. Anschließend ging es über Chicago nach Cleveland, wo ich mit Dr. Spulvins, dem mir bereits recht gut bekannten Leiter der Abteilung Oberflächentechnik der NASA, das NASA *Lewis Research Center* besichtigte. Deren Labors waren hochmodern eingerichtet und die Anlagen teilweise für den Einsatz in der Raumfahrt hochskaliert.

In Los Angeles holte uns dann Prof. S.-S. Chun ab,

den ich in meiner Zeit als *Invited Professor* beim KAIST kennengelernt hatte. So konnte es endlich zu dem zwei Jahre zuvor bei seinem Besuch in Braunschweig verabredeten Gegenbesuch kommen. Auch Disneyland bereitete uns großes Vergnügen, und da in Los Angeles mehr als 100.000 Koreaner lebten, gab es auch viele koreanische Restaurants. Prof. Chun wollte uns dorthin einladen, hatte aber Bedenken, ob Ingrid die koreanische Küche mochte. Da jedoch konnte sie ihn beruhigen, und wir verbrachten zu viert einen schönen koreanischen Abend in Los Angeles.

Am nächsten Tag flogen wir über Denver nach Albuquerque in New Mexico. Nach Mexiko war es nicht weit, und wir kamen uns gelegentlich wie in einem Western vor.

Mit einem Mietwagen ging es zu Prof. Inal vom *New Mexico Institute of Mining and Technology* in Socorro. Er zeigte mir seine Anlage und erklärte, was er damals hauptsächlich untersuchte. Seine Anlage war für mich jedoch eine große Enttäuschung, ähnliches hatte ich schon 10 Jahr zuvor von meinen Diplomanden als Einstieg in dieses Gebiet bauen lassen. Sie war für Bauteile zu klein, auch fehlten moderne Regel- und Kontrollsysteme.

Diese USA-Reise dauerte nur eine Woche, aber sie hat Ingrid und mich noch enger zusammengeschweißt. Auch wenn ich vielleicht fachlich nicht den erhofften Gewinn hatte, war es doch eine enorme Bereicherung, einige Menschen dabei näher kennengelernt und besser verstanden zu haben.

Die koreanische Teilung in China

Im selben Sommer nahm ich ebenfalls noch an der Internationalen Tagung über *Mechanical Properties of Materials* (ICM) in Beijing teil in Vorbereitung meiner eigenen Veranstaltung im September.

Dabei traf ich auch einen alten Studienkollegen, der nun Abteilungsleiter bei den POSCO-Stahlwerken war. Er wollte dort Kontakte knüpfen, um den Stahlexport nach China zu intensivieren. Besonders in Erinnerung blieb mir, daß er mich zu einem ganz besonderen Essen einladen wollte: der Fußsohle eines Bären! Nach alter koreanischer Sage soll man nach ihrem Verzehr für alle Zeiten gesund bleiben und sehr alt werden. Er hatte es extra in einem Restaurant bestellt, und ich habe ihn auch dorthin begleitet. Die Fußsohle eines Bären zu essen, habe ich mich aber strikt geweigert. Das Tier hat mir einfach zu leid getan.

Am letzten Tag der Tagung besuchte ich mit meinem koreanischen Projektpartner Prof. S.-W. Nam die Chinesische Mauer. Als ich dort einer koreanisch sprechenden Frau begegnete, sprach ich sie einfach an, worüber sie zunächst irritiert und dann verlegen war. Schließlich sagte sie, daß sie zwar Koreanerin sei, aber in der Mandschurei nicht weit von Harbin entfernt lebte. Mich bat sie, in Südkorea einen gewissen Herrn ausfindig zu machen und einen schönen Gruß zu übermitteln. Sie habe ihn seit dem Zweiten Weltkrieg nicht mehr gesehen. Sogar in China wurde man mit den Folgen der nun schon so lange währenden koreanischen Teilung konfrontiert. Ich mußte ihr leider sagen, daß ich nicht mehr in Südkorea lebte, aber ich holte Prof. Nam und machte sie miteinander bekannt. Und er versprach, den betreffenden Mann in Korea ausfindig zu machen.

Meine erste große Tagung:
Internationale LCF-Tagung in München

Nach der USA-Reise fand dann im September 1987 in München meine Internationale Tagung über Materialermüdung bei Kurzzeitschwingungen statt, ein Gebiet, auf dem ich habilitiert und jahrelang geforscht hatte. Da ich als Experte galt, schien es selbstverständlich, daß ich diese Tagung ausrichten sollte. Bereits 1979 hatte ich ja in Stuttgart gemeinsam mit Dr. Heibach eine Internationale Tagung über das gleiche Thema organisiert, weshalb die neue Veranstaltung den Namen „2nd International Conference on Low-Cycle-Fatigue and Elasto-Plastic-Behavior of Materials", kurz „2nd LCF Conference" bekam. Bis heute hat sie sechsmal in Berlin und Garmisch-Partenkirchen stattgefunden.

Tagungsort war das „Arabella Hotel", wo auch alle Teilnehmer übernachteten, weshalb wir gemeinsam bis spät in die Nacht zusammensitzen konnten, viel tranken und ebenso viel diskutierten. Die über 300 Teilnehmer kamen aus mehr als 25 Ländern, und ich glaube, alle haben ihren Aufenthalt in München damals sehr genossen, zumal es auch ein umfangreiches „Social Program" gab. Als Vorsitzender hatte ich natürlich alle Hände voll zu tun, und große Mühe bereitete dann auch die Aufgabe als „Chief Editor" für den Tagungsband. Die Vortragenden sollten möglichst druckreife Manuskripte abliefern, und wenn jemand ein solches nicht dabei hatte, mußte ich mit ihm verhandeln und mir das Versprechen geben lassen, das Manuskript innerhalb von zwei Wochen zu erhalten. Zur Freude aller Teilnehmer gelang es, den Tagungsband rechtzeitig bei einem renommierten Verlag herauszubringen.

Während der Tagung gab es allerdings auch ein sehr trauriges Ereignis. Am zweiten Abend waren wir von der bayerischen Landesregierung zur Residenz eingeladen worden. Anstelle von Ministerpräsident F. J. Strauß hielt Wissenschaftsminister Goppel gerade die Begrüßungsrede, als ein Zuhörer plötzlich zu Boden sank. Es war ein Teilnehmer aus Israel, der eine Herzattacke bekam. Alle Rettungsversuche waren umsonst, er starb noch am selben Abend. Dieser plötzliche Tod des Kollegen war für uns alle ein großer Schock. Ich bat einen älteren Kollegen, Prof. Mc Evily aus den USA, der nicht nur für seine wissenschaftlichen Leistungen, sondern auch seine Persönlichkeit und Integrität bekannt war, am nächsten Morgen bei der Eröffnung der Session im großen Saal vor allen Tagungsteilnehmern eine kurze Ansprache zu halten und um eine Schweigeminute für den verstorbenen Kollegen zu bitten. Wäre damals nicht Ingrid bei mir gewesen, hätte ich nicht gewußt, wie ich das Ruder wieder in die Hand bekommen hätte.

Am nächsten Abend hatten wir ein „Conference Dinner" mit allen Teilnehmern und ihren Begleitpersonen, bei dem auch Musiker und andere Künstler aus Bayern auftraten. Die ausländischen Teilnehmer haben den Abend, glaube ich, sehr genossen, da sie solche traditionellen Darbietungen sehr liebten. Vor allem die japanischen und koreanischen Kollegen waren völlig hingerissen und haben mich mit Lob überhäuft, doch mußte ich gestehen, daß diese Auftritte nicht von mir, sondern dem örtlichen Ausschuß organisiert worden waren.

Reise nach Japan mit Mammutprogramm

Im selben Jahr war ich auch in Japan und mußte dort ein

Riesenprogramm absolvieren. Zunächst hielt ich einen Vortrag bei einer Firma, die auf dem Gebiet der „Plasma Diffusions-Behandlung" – *Plasma Diffusion Treatment* tätig war, anschließend wollte ich in der Nähe von Tokio einen Kollegen besuchen, der auch auf meinem Gebiet arbeitete. Schließlich besuchte ich Prof. Akai an der *University of Tokyo*, der kurz zuvor eine internationale Tagung über Plasma-Chemie veranstaltet hatte. Seine Gastfreundlichkeit überwältigte mich, und wir waren anschließend über viele Jahre befreundet. Bei ihm lernte ich auch Dr. Yoshida kennen, der später sein Nachfolger wurde.

Am gleichen Tag traf ich in Osaka noch die Kollegen von der *Kansai-University* und dem *Technology Research Institute of Osaka Prefecture*.

Nach einem gemütlichen Abend mit ausgezeichneten Speisen sagten alle, ich solle möglichst sofort nach Tokio zurückkehren. Als ich erstaunt schaute, berichteten sie, ein schlimmer Taifun sei unterwegs nach Osaka, dessen Eintreffen man früh um 5 Uhr des nächsten Tages erwartete. Freundlicherweise hatten die Kollegen mir bereits ein Zimmer im Hotel in Tokio und eine Zugkarte mit dem Shinkansen reservieren lassen.

Nach dem Frühstück in Tokio fuhr ich dann mit dem Taxi zum Air-Terminal und bemerkte die nassen Straßen. Also hatte sich der angekündigte Taifun wohl bereits schon frühmorgens Tokio genähert. Da ich neugierig war, näheres zu erfahren, fragte ich den Taxifahrer darüber aus, langsam und möglichst fehlerfrei auf Japanisch. Auch erkundigte ich mich nach dem Wetter in Tokio während der letzten Jahre. Nachdem der Taxifahrer höflich alle Fragen beantwortet hatte, fragte er verlegen zurück, ob ich schon lange im Ausland wäre und Japan schon vor vielen Jahren verlassen hätte. Er hatte mich also für einen

Japaner gehalten. Dies war das schönste Kompliment, das mir je gemacht wurde, denn man darf nicht vergessen, daß ich erstmals seit Ende der japanischen Besatzung 1945 Japanisch gesprochen hatte – und das war immerhin 42 Jahre her.

1988 – Die erste PSE-Konferenz

Im September 1988 sollte ich eine internationale Konferenz über *Plasma Surface Engineering* ausrichten, da ich bereits fünf Jahre zuvor einen Arbeitskreis „Plasma-Oberflächentechnologie" in Deutschland gegründet hatte, um Forschung und Anwendung nachhaltig voranzutreiben. Damals besuchte ich mit zwei Kollegen das Bundesministerium für Forschung und Technologie, um ein entsprechendes Förderprogramm zu initiieren. Doch der zuständige Beamte dort konnte sich unter Plasma nichts anderes als Blutplasma vorstellen. Erst hielt ich diese Aussage – immerhin war der Beamte ein Physiker – für einen Scherz. Zum Glück konnte ich später zusammen mit einem Kollegen aus Darmstadt die DFG für ein solches Förder-Schwerpunktprogramm gewinnen, wodurch der größte Teil der Forschung finanziert werden konnte. Allerdings steckte die technische Verwertung noch in den Kinderschuhen, auch wenn es einige kleinere Firmen gab, die entsprechende Anlagen bauten und Aufträge ausführten. Es war dringend erforderlich, Forschung und vor allem Anwendung der Plasma-Oberflächentechnologie weltweit nachhaltig zu fördern. Dazu sollte unsere Tagung dienen, die ich in Garmisch-Partenkirchen abhalten wollte.

Ich wählte ganz bewußt diesen Tagungsort, weil viele Ausländer die Alpen sehr mögen und beim Anblick der

Zugspitze gleich die Strapazen der Reise nach Deutschland vergessen. Auch wenn ich schon Erfahrung in der Ausrichtung internationaler Konferenzen hatte, war diesmal doch manches anders. Weder wußte ich, wie viele Teilnehmer kommen würden, noch war vorauszusagen, wie viele Firmen sich an der geplanten Industrieausstellung beteiligen würden.

5. Persönliche Katastrophen

Ingrids Geburtstag und Krankenhausaufenthalt

Eigentlich begann das Jahr 1988 sehr erfreulich. Am 31. Januar feierte Ingrid ihren 50. Geburtstag, und ich organisierte zu dieser Gelegenheit ein großes Fest im „Deutschen Haus", wo wir bei verschiedenen Gelegenheiten immer mal wieder feierten. Zu dem Fest kamen Ingrids Brüder mit ihren Familien, natürlich die Großmutter und eine große Zahl von Freunden und Bekannten. Es wurde ein schönes Fest, und wir waren alle glücklich und zufrieden.

In den Semesterferien fuhr ich mit Ingrid wie stets in unsere Ferienwohnung nach Savièse, auch wenn wir diesmal auf den üblichen Skilanglauf verzichteten. Solche Betätigungen fielen Ingrid zunehmend schwer, und so beschränkten wir uns auf kleinere Spaziergänge.

Doch bald mußte Ingrid auch diese kurzen Spaziergänge wegen ihrer Schmerzen unterbrechen, und so beschlossen wir, schon Anfang März wieder nach Hause zurückzukehren. Dort genossen wir dann die Frühlingssonne auf der Terrasse, und Ingrid begann sogar wieder, im Garten zu arbeiten.

Doch bereits eine Woche später weckte sie mich nachts, da sie es vor Schmerzen nicht mehr aushalten konnte. Ein Klinikaufenthalt war nicht mehr zu vermeiden. Jeden Nachmittag besuchte ich sie, und dank der Behandlungen ging es ihr bald wieder besser, selbst zu Scherzen war sie gelegentlich aufgelegt.

Um mich und das Haus mußte sie sich keine Sorgen machen: Agnes war seit einiger Zeit im Internat in Dassel, und Christoph hatte nur noch einen guten Monat bis zur Abiturprüfung.

Doch schon sechs Wochen später bereitete sie mich schonend darauf vor, daß der Chefarzt mir etwas Schlimmes mitteilen müßte. Sie wollte mich schonen, obwohl doch eigentlich sie es war, die getröstet werden mußte.

Der Arzt teilte mir dann mit, daß keine Hoffnung mehr bestünde, die Krebskrankheit zu heilen. Ingrid könne nur noch zum Sterben nach Hause kommen.

Von seiner direkten und schonungslosen Art war ich recht erschüttert, aber sogleich unternahmen wir alles, um das Haus für Ingrid auszustatten. Eine Gegensprechanlage sollte eingebaut werden, ein Rollstuhl und ein elektrisch verstellbares Bett mußten besorgt werden. Auch die sehr schwergängige Markise über der Terrasse wurde in kürzester Zeit durch eine solche mit elektrischem Antrieb ersetzt.

Ich war froh, wenigstens diese technischen Vorbereitungen treffen zu können. Was hätte ich sonst tun können? Alles wollte ich unternehmen, damit sich Ingrid wohlfühlte.

Neue Hoffnung?

Als Ingrid aus dem Krankenhaus entlassen werden sollte, schlug Prof. Felix, Chefarzt der Onkologischen Abteilung im Rudolf-Virchow-Krankenhaus in West-Berlin, vor, Ingrid in Berlin weiterzubehandeln. Wir alle freuten uns darüber und schöpften neue Hoffnung, auch wenn der Braunschweiger Arzt klar sagte, daß er nicht wüßte, was man in Berlin noch versuchen könnte. Also flogen wir nach Berlin, da uns eine Autofahrt auf der Transitstrecke zu anstrengend schien.

Kurz zuvor fand noch Christophs Abiturfeier statt, aber keinem von uns stand der Sinn nach einer Feier. Es tat mir sehr leid für ihn, zumal er auch gleich anschließend zum Wehrdienst eingezogen wurde.

Am 22. Mai landete ich mit Ingrid in Berlin und bezog selbst eine kleine Wohnung im Wedding. Allerdings war ich fast Tag und Nacht bei Ingrid, ging nur zum Frühstücken und einer kleinen Ruhepause nach Hause. Viele Freunde besuchten uns in dieser Zeit in Berlin, darunter auch Pfarrer Fuhr mit seinem Sohn Andreas, der damals in West-Berlin als Pastor arbeitete.

Ende Juni 1988 mußte ich wegen dringender dienstlicher Angelegenheiten für einen Tag nach Braunschweig zurück und ließ Ingrid allein im Krankenhaus. In meiner Abwesenheit ging es ihr nicht gut. Sie fragte immer wieder nach den Kindern. Daraufhin holte ich Christoph mit nach Berlin, der zum Glück Sonderurlaub bekommen konnte. Auch Agnes erschien bald, obwohl die Ferien noch nicht begonnen hatten. Oft ging ich nachts in die Krankenhauskapelle, um dort Trost zu finden.

Doch als die Oberärztin uns sagte, daß Ingrid nur noch Schmerzmittel erhalten würde, wußten wir, daß es nicht mehr lange dauern könnte.

Ich rief meine Schwester in Korea an, die Ingrid immer sehr gemocht hatte. Kurz entschlossen machte sie sich auf den Weg zu uns.

Abschied von Ingrid

Am 16. Juli, einen Tag vor Ingrids Abschied, stand plötzlich meine Schwester vor uns, in der Hand einen Reis-kochtopf. Auch wenn meine Schwester kein Deutsch konnte, war doch deutlich, was sie alles mit Ingrid sprach. Sie war sehr froh, daß sie Ingrid noch lebend antreffen konnte und erzählte uns erst später von ihrer abenteuer-lichen Reise.

In der Nacht vom 16. auf den 17. Juli 1988 starb Ingrid. Meine Schwester weinte, und ich wußte, daß ich sie und die Kinder eigentlich trösten sollte. Doch ich konnte es nicht, war selbst maßlos traurig, diese liebste Person in meinem Leben zu verlieren.

So fuhren wir dann ohne Ingrid nach Braunschweig zurück. Ich benachrichtigte meinen großen Bruder in Seattle, und er kam sofort zu uns.

Beim Abschiedsgottesdienst waren neben den Ver-wandten auch fast alle Mitarbeiter des Instituts anwe-send, ebenso wie viele Gemeindemitglieder aus Ingrids früheren Kirchengemeinden.

Beim Gang zum Grab mußte ich hemmungslos weinen, eine unendliche Trauer hatte mich ergriffen. Erst viel später wurde mir klar, um wieviel schlimmer alles noch für Christoph und Agnes sein mußte, die ihre ge-liebte Mutter verloren hatten. Es bedrückt mich noch heute, daß ich mich damals wohl nicht genug um sie ge-kümmert habe.

Auf Ingrids Grab ließ ich dann einen Stein setzen, der wie eine Kirche mit hohem Turm aussieht. Auch nach 21 Jahren gehe ich nach Möglichkeit auch heute noch mehrmals wöchentlich zu diesem Grab.

Vor einigen Jahren brachte ich aus Korea eine beson-dere in Deutschland unbekannte Pflanze mit, die Ingrid damals so gut gefallen hatte. Im Frühjahr blühen nun auf dem Braunschweiger Friedhof die blaulilafarbenen Blüten der Jindalle.

Durch die traurigen Ereignisse des Jahres 1988 war Christoph gar nicht dazu gekommen, wie geplant zu den Olympischen Spielen nach Seoul zu fahren. Mein Bruder aus Masan hatte für ihn schon Eintrittskarten und eine Unterkunft besorgt. Neun Jahre sollte es dauern, bis ich ihn dann wieder nach Korea mitnehmen konnte.

Agnes verließ das Internat in Dassel und kehrte nach Braunschweig zurück, wo sie zwei Jahre später ihr Abitur machte. Christoph bestand 1989 die Prüfung zum Sanitätsoffiziersanwärter bei der Bundeswehr und ging zur Marine. Im Wintersemester 1990/91 begann er dann an der Medizinischen Hochschule Hannover sein Medizinstudium.

Besuch bei Christoph als Sanitätsoffiziersanwärter

Erfolgreiche Initiative: C4-Professur, ein Lehrstuhl und ein Fraunhofer-Institut in Braunschweig

An dieser Stelle ist nachzutragen, was sich schon früher ereignete und für mich in der Folge von großer Bedeutung war. Bereits 1987 war ich beim Niedersächsischen Minister für Wissenschaft in Hannover vorstellig geworden. Durch Vermittlung des TU-Präsidenten Prof. Rebe hatte ich mit den Vertretern der Fraunhofer-Gesellschaft gesprochen, die mich wegen meiner Forschungen auf dem Gebiet der Plasma-Oberflächentechnik in Braunschweig aufgesucht hatten. Sie wollten von mir wissen, ob es angebracht wäre, in Braunschweig ein Fraunhofer-Institut auf dem genannten Gebiet zu gründen. Und da ich zu der Zeit dem Ministerium vorschlagen wollte, an der TU Braunschweig einen Lehrstuhl bzw. ein Institut für Plasma-Oberflächentechnik einzurichten, hielt ich Braunschweig auch für den geeignetsten Ort für ein entsprechendes Fraunhofer-Institut.

Als ich Minister Cassens meinen Vorschlag erläuterte, war er begeistert und bat mich, alles zu tun, um das neue Fraunhofer-Institut nach Niedersachsen zu holen. Er wollte sich auch für die Einrichtung eines entsprechenden Lehrstuhls einsetzen.

In meiner Begeisterung war mir völlig entgangen, daß ich mit meinem eigenmächtigen Vorgehen beim Minister in Hannover die ganze Fakultät bzw. die Abteilung Maschinenbau der TU Braunschweig gegen mich aufgebracht hatte. Ich hatte ein ungeschriebenes Gesetz mißachtet.

Wenn man einen neuen Lehrstuhl bzw. ein neues Institut errichten möchte, erläutert man diesen Vorschlag zuerst bei der Abteilungssitzung. Wenn die Abteilung

Maschinenbau diesen Vorschlag akzeptiert, reicht man ihn an die Fakultät weiter. Stimmt die Fakultät zu, schickt man alle Unterlagen an die zuständigen Mitarbeiter des Ministeriums in Hannover mit der Bitte, den Vorschlag der TU Braunschweig wohlwollend zu unterstützen.

Und was hatte ich getan? Ich war direkt zum Minister gelaufen mit dem Erfolg, daß noch im Jahre 1988 die TU Braunschweig vom Ministerium die Aufforderung erhielt, einen Lehrstuhl für Plasma-Oberflächentechnik zu errichten und ein entsprechendes Institut zu gründen.

Meine Kollegen waren darüber ziemlich verärgert, hatten sie doch selbst seit Jahren Vorschläge nach Hannover geschickt und versucht, neue Institute zu gründen. Stets waren ihre Anträge mit dem Hinweis auf fehlende Mittel abgelehnt worden.

Die Stimmung war so schlecht, daß ich sogar erwog, die Hochschule zu wechseln, und ich bewarb mich bei der Gesamthochschule Siegen. Ich fühlte mich verachtet oder ignoriert und nahm an, daß man mich für einen unkollegialen und selbstsüchtigen Hochschullehrer hielt. Also ging ich auch davon aus, daß der Berufungsausschuß mich nicht auf die Vorschlagsliste für den neuen Lehrstuhl setzen würde.

In Siegen war gerade ein Lehrstuhl für Oberflächentechnik gegründet worden und sollte besetzt werden. Ich gehörte zum engeren Kreis der Bewerber und hielt auch einen Vorstellungsvortrag.

Als ich nicht auf die erste Stelle der Liste gesetzt wurde, fragte ich ein mir gut bekanntes Mitglied des Berufungsausschusses nach den Gründen. Er sagte mir, daß ja doch keiner davon ausgegangen wäre, daß ich von Braunschweig ausgerechnet nach Siegen gehen wollte und mich sicher nur beworben hätte, um meinen Wert dort zu steigern. Also nahm man an, ich würde einen Ruf ohnehin nicht annehmen und setzte mich deshalb an die zweite Stelle.

So scheiterte ich schon beim ersten Versuch, Braunschweig zu verlassen, kläglich. Als dann in Braunschweig der neue Lehrstuhl ausgeschrieben wurde, bewarb ich mich zwar, war mir aber völlig sicher, keine Chance zu haben.

Der Alltag normalisiert sich

Ab dem 1. April 1989 bekamen wir endlich Hilfe: Monika, die Tochter des Superintendenten Fuhr, kam zu uns. Ich hatte sie als kleines, blondes, fünfjähriges Mädchen kennengelernt, als ich Ende der 50er Jahre in Aachen bei der Familie Fuhr wohnte. Mit ihr war ich Hand in Hand sonntags zum Kindergottesdienst gegangen und hatte viele Spaziergänge unternommen, meinen neuen Fotoapparat über der Schulter. Sie war mir sehr vertraut, denn sie hatte sich oft bei mir verkrochen, wenn sie Schutz vor irgendwelchen Auseinandersetzungen mit den Geschwistern oder Eltern suchte. Nun war sie 35 Jahre alt und als Diplom-Pädagogin für die Erwachsenenbildung Mitarbeiterin einer Kirchengemeinde in Köln. Als sie hörte, daß ich in Braunschweig allein mit Agnes und Christoph lebte und viele Schwierigkeiten zu überwinden hatte, sagte sie mir auf meine Bitte hin zu, zunächst einmal für drei Jahre zu uns zu kommen, bis Agnes ihr Abitur hätte. So begann ein neues Kapitel unseres gemeinsamen Lebens.

Das Haus war ja groß genug, und ein eigenes Zimmer mit Dusche und Toilette hatte sie im Kellergeschoß auch. Eigentlich hatte ich jedoch ein sehr schlechtes Gewissen, da sie wegen uns ihren Beruf aufgab, und ich versuchte, das zumindest finanziell ein wenig gutzumachen. Sie wollte jedoch nicht mehr als ein Taschengeld und behandelte mich wie einen hilflosen Bruder, der dringend familiäre Unterstützung brauchte. Christoph und Monika waren bald gut befreundet, wohingegen Agnes, die Monika von früher her gar nicht kannte, ihr gegenüber anfangs sehr reserviert war. Später besserte sich ihre Beziehung, vor allem während Agnes studierte. Als sie zum Studium des Bibliothekswesens nach Heidelberg ging, tat sie dies ganz beruhigt, da sie wußte, daß ich bei Monika gut aufgehoben war.

Ernennung zum C4-Professor?

Als wir genau ein Jahr später im April 1990 zum Spargelessen in der Südheide waren, wurde im Fernsehen das vorläufige Ergebnis der niedersächsischen Landtagswahlen bekanntgegeben. Ohne darauf vorbereitet zu sein, hörten wir, daß die SPD mit Schröder die CDU überholt hatte und nun die neue Landesregierung bilden würde. Damit schien es mir endgültig Schluß zu sein mit der Möglichkeit, doch noch eine Berufung bei der TU Braunschweig zu bekommen. Bei meinem letzten Besuch im Ministerium hatte mir der Minister noch versichert, wie gern er mich als Initiator des neuen Instituts der TU und des Fraunhofer-Instituts in Braunschweig auf dieser Position sehen würde. Stünde ich nur an irgendeiner Stelle auf der Vorschlagsliste, könnte er mich nach Lage der Gesetze auswählen, wenn er mich für geeignet hielte. Er könnte sogar die ganze Liste ablehnen und von sich aus einen geeigneten Wissenschaftler berufen. Nun jedoch hatte die SPD die Wahl gewonnen, und der neue Wissenschaftsminister oder die neue Ministerin würde sich daran sicher nicht mehr halten und alles ad acta legen. Mit einem Mal schmeckte mir der frische Spargel gar nicht mehr so gut, und geknickt traten wir die Heimfahrt an.

Umzug ins neue Institut

Von Anfang an war der damalige Präsident der TU, Prof. Rebe, über meine Aktivitäten gut informiert gewesen. Die ersten Gespräche mit den Vertretern der Fraunhofer-Gesellschaft fanden in seinem Zimmer statt, weil er freundlicherweise die „Geburtshelferrolle" übernommen hatte. Er war auch bestens informiert über meine Initiative zur Gründung eines neuen Instituts und meine Kontakte zum Wissenschaftsministerium. Daher war es nur folgerichtig, daß er mir vorschlug, gemeinsam ein Gebäude für das neue Institut zu suchen, von dem er über-

Vor dem neuen Institut – ganz stolz!

zeugt war, daß es bald gegründet würde. Ebenso stand für ihn fest, daß ich das Institut übernehmen würde. Also besichtigten wir gemeinsam einige leerstehende Gebäude: Eines war neu, ordentlich und stadtnah, nur leider etwas zu klein, sollte ich mein Gebiet ausbauen wollen. Dann besuchten wir das alte Institut der *Deutschen Forschungsanstalt für Luft- und Raumfahrt* (DFLR). Die Gebäude waren alt, reparaturbedürftig und weit von der Hochschule entfernt, aber dafür gab es sehr viele Räume und dazu zwei große Hallen. Da das neue Institut viele Räume für verschiedene Anlagen wie auch das Elektronenmikroskop benötigte, entschied ich mit meinen Mitarbeitern, das alte Gebäude der DFLR zu beziehen. So erfolgte bereits im Februar 1990 mein Umzug vom Institut für Schweißtechnik, an dem ich 15 Jahre lang zunächst als Universitätsdozent und dann als Professor gearbeitet hatte, in das alte DFLR-Gebäude, ohne daß ich zuvor zum C4-Professor berufen worden wäre.

Meine erste PSE-Conference als Vorsitzender – hier der Geschäftsführer der DGO/PSE

Zu der Zeit hatte ich bereits ungefähr 10 Mitarbeiter, die in meinen Fachgebieten promovieren sollten, in der Plasma-Oberflächentechnik und der Materialermüdung *Low Cycle Fatigue*. Alle wurden aus Drittmitteln finanziert, sei es der DFG, des BMBF oder der VW-Stiftung. Wir waren eine eingeschworene Truppe mit grenzenloser Begeisterung und voller Optimismus hinsichtlich zukünftiger Forschungsfortschritte. Daran änderte auch die Möglichkeit nichts, daß ich eventuell einem neu berufenen C4-Professor unterstellt sein würde.

Ständig stellten wir neue Förderungsanträge und schrieben Berichte, um die Ergebnisse unserer Arbeit zu dokumentieren. Fast immer waren wir erfolgreich.

1990 wurde ich dann auch noch zum Vorsitzenden der „2nd International Conference on Plasma Surface Engineering" gewählt und stand mit meinen vielen Aufgaben völlig unter Streß.

Durch die aufopfernde Unterstützung meiner Mitarbeiter und meiner Kollegen Prof. Wolf von der Universität Heidelberg und Dr. Broszeit von der TH Darmstadt gelang es mir, auch diese Tagung erfolgreich durchzuführen. Als die Zahl der Teilnehmer dann um mehr als ein Drittel stieg, ließ mich dies meine harte Arbeit vergessen. Auch gelang es mir, im renommierten Elsevier-Verlag die Tagungsbeiträge als Sonderausgabe der Zeitschrift „Surface and Coatings Technology" drucken zu lassen. Die Redaktionsarbeit und rigorose Auswahl der besten Beiträge erforderte natürlich nochmals viel Arbeit, aber es kam dem Ansehen unserer Tagungsreihe zugute. Wir blieben auch in Zukunft bei diesem Verlag, und die Reihe der Tagungsbände wirkt sehr ansprechend.

Mir blieb kaum Zeit, über meine eigene Zukunft nachzudenken. Schließlich hörte ich, daß Dr. Wahl, mir aus der ABB Mannheim bekannt, auf die C4-Professur berufen werden sollte. Er war zwar kein Experte der Anwendung von Plasmen in der Oberflächentechnik, sein Schwerpunkt lag auf der thermischen Beschichtung, aber ich hatte ohnehin den Eindruck, daß die Abteilung Maschinenbau der TU Braunschweig irgendeinen ausgewiesenen Experten berufen wollte ohne besondere Berücksichtigung der Ziele der neuen Fachrichtung Plasma-Oberflächentechnik. Und da die SPD mittlerweile in Hannover regierte, machte ich mir selbst keine Hoffnungen mehr.

Ein Wunder: Ich werde C4-Professor

Im Dezember 1990 wollte ich gerade mein Auto aus der Werkstatt holen, als mich einer meiner Mitarbeiter anrief und sagte, ich solle umgehend zum Präsidialamt kommen. Etwas wichtiges schien im Gange zu sein, und ich vermutete schon, ich sollte der Berufung von Dr. Wahl beiwohnen.

Im Präsidialamt angekommen begrüßte mich der Vizepräsident herzlich und entschuldigte den Herrn Präsidenten, der dringende andere Verpflichtungen hatte. Er wolle daher meine Berufungszeremonie durchführen. Und dann las er mir meine Ernennungsurkunde langsam und deutlich vor. Ich war völlig perplex, plötzlich nun doch C4-Professor geworden zu sein, und das sogar auf meinem eigenen Gebiet. Selbst die Art der Tätigkeit am Institut war vorgeschrieben. Als ich mich dann beim Vizepräsidenten nach Dr. Wahl erkundigte, erfuhr ich, daß auch er berufen wurde, das neue Institut also zwei Arbeitsgruppen mit jeweils einem Professor umfassen würde.

Die niedersächsische Wissenschaftsministerin gratuliert mir zur
Berufung zum C4-Professor

Für mich war dies eine geniale Lösung, ging es mir
doch immer nur um die Forschung und nie um die Al-
leinherrschaft in einem Institut.

Gern hätte ich gewußt, warum mich die SPD Wissenschaftsministerin berufen und ob Dr. Cassens eventuell schon vor seinem Ausscheiden aus dem Amt die
Berufungsurkunde unterschrieben hatte. Geklärt wurde
dies erst 15 Jahre später, als Dr. Cassens bei einer Plasma-
Tagung in Braunschweig als unser Ehrengast geladen war.
Da erfuhr ich, daß er schon alles für meine Berufung vorbereitet hatte, als er Hannover verließ. Noch heute im
Ruhestand bin ich ihm für all seine Bemühungen dankbar.

Das neue Institut

Nun war ich also Ende 1990 zum Ordentlichen Professor ernannt worden und erwartete, daß ich zur Vertretung der Lehre und zur Leitung des Instituts viel Zeit brauchen würde. Also schrieb ich sofort an die Stahlfirma POSCO in Korea, daß ich nach genau 10 Jahren als Berater diese Tätigkeit nunmehr aufgeben wolle. Man antwortete mir umgehend, daß der Chairman des POSCO Konzerns Mr. T.-J. Pack noch im Dezember nach Düsseldorf käme und gern mit mir sprechen würde. So fuhr ich nach Düsseldorf. Abends saßen wir gemütlich zusammen, ohne daß ein Wort über meine Tätigkeit fiel. Beim Frühstücksbuffet am nächsten Morgen in größerem Kreis wandte sich Chairman T.-J. Pack an mich mit der Bitte, weiterhin als Berater der Firma POSCO tätig zu sein. Als ich ihm die Gründe meiner Ablehnung erläutert hatte, verkündete er, daß sie in Korea ein neues Forschungsinstitut gegründet hätten: das *Research Institute of Science and Technology* – RIST. Und er bat mich, dieses in Zukunft zu beraten, was sicher im Einklang mit meiner zukünftigen Tätigkeit in Braunschweig stünde.

Wie hätte ich da Nein sagen können. Also wirkte ich weitere vier Jahre als Berater des RIST, was bedeutete, daß ich jedes Jahr zweimal dieses Institut in Korea besuchen mußte. Im Gegenzug schickte man uns zwei Mitarbeiter zur Weiterbildung. Insgesamt waren es dann doch 14 Jahre, in denen ich die Firma POSCO unterstützt habe.

Nach meiner Ernennung mußte ich allmählich auch das Institut ausrüsten. In diesem Zusammenhang gibt es eine nette Geschichte zu erzählen: Als Dr. Cassens noch Wissenschaftsminister in Hannover war und ich mit ihm über den zukünftigen Finanzbedarf des zu gründenden Instituts verhandelte, erklärte ich, verschiedene Analytikanlagen zu benötigen. Außerdem müßten unbedingt einige moderne Plasma-Wärmebehandlungs- und Beschichtungsanlagen neu beschafft werden, um mit anderen Instituten in den USA konkurrieren zu können. Schließlich brauchte man eine Prüfanlage, um die führende Rolle des Instituts in LCF zu stärken.

Auf Minister Cassens Frage nach den Kosten antwortete ich, daß es keine 10 Millionen DM kosten würde, etwa 8 Millionen ausreichen könnten. Und genau diese 8 Millionen erhielt ich bei meiner Berufung dann zugesagt. Später erfuhr ich von Dr. Wahl, daß er bei seiner Berufung etwa 2,2 Millionen erhalten hatte.

Mit diesen Mitteln konnte ich das Institut ganz hervorragend ausrüsten, was ja auch eine wichtige Voraussetzung für die weitere Einwerbung von Fördermitteln darstellte. Ab 1991 konnten wir produktiv arbeiten, und meine Mitarbeiter erzielten viele Erfolge. Einer von ihnen promovierte bereits 1993, der erste Doktor aus dem neuen Institut. Ich war mächtig stolz darauf.

Golf

Kurz nach meiner Tagung in Garmisch-Partenkirchen wurde Christoph 1990 nach Sylt versetzt, um dort seine Sanitätsoffiziers-Ausbildung zu erhalten. Da rief er mich an und fragte, ob ich ihn nicht besuchen kommen wollte. Außerdem habe man auf Sylt hervorragende Gelegenheiten, das Golfspielen zu erlernen: Er selbst habe schon die erste Unterrichtsstunde gehabt.

Ich hatte nicht die geringste Ahnung vom Golfspiel, war nur einmal 20 Jahre zuvor in Amerika über einen

Golfplatz geschlendert. Das gleiche galt von der benötigten Ausrüstung.

Zum Glück konnte man sich die Schläger für die Übungsstunden leihen. Es bereitete mir gleich enormen Spaß, und ich lernte mit Begeisterung und Hingabe. Zum Abschluß dieser Sportferien spielten wir noch im benachbarten Dänemark, und hier bescheinigte uns der Trainer die „Platzreife". Ich war verblüfft und stolz, dies in so kurzer Zeit geschafft zu haben. Seit dieser Zeit bin ich mit dem Golfvirus infiziert, auch heute noch nach fast 20 Jahren!

Einige Monate später suchte ich in Braunschweig und Umgebung einen Golfclub, um dort Mitglied zu werden und das Spiel weiter zu vertiefen. Erst da erfuhr ich, welch enorme Aufnahmegebühren und Jahresbeiträge zum Teil verlangt wurden. In normalen Clubs konnte die Eintritts-„Spende" bis zu 10.000, in vornehmen auch mal 20.000 DM betragen. Interessanterweise konnte man mit den jeweiligen Präsidenten über die Höhe verhandeln. Noch im Dezember 1990 wurde ich dann Mitglied des Golfclubs Salzgitter-Bad, etwa 30 km südlich von Braunschweig.

Zu meiner Schande muß ich allerdings gestehen, daß ich das ganze Jahr 1991 kein einziges Mal Golf gespielt habe. In der Aufbauphase des neuen Instituts blieb dafür einfach keine Zeit, und der erste Jahresbeitrag für den Club war umsonst entrichtet.

Im Frühling 1992 begann ich dann wieder mit dem Golfspiel und nahm zunächst weiter Unterricht. Als Monika interessiert zuschaute und der Trainer sie aufforderte, doch auch ein paar Bälle zu schlagen, war es um sie geschehen. Nach einer Stunde war auch sie vom Golf-fieber ergriffen. Sie ist auch heute davon noch ebenso begeistert wie ich.

Im Laufe der Zeit besuchten wir gemeinsam mehr als

50 Golfplätze im Süden und Norden Deutschlands. Wir wollten unser Handicap weiter verbessern und wählten dafür die vermeintlich leichteren Plätze, um beim Wettkampf bessere Ergebnisse zu erzielen. Damals gab es noch kein Bewertungssystem für Golfplätze wie „Slope" oder „Course Rating". Ich suchte einfach nach einem meiner Ansicht nach ansprechenden Golfplatz in schöner Gegend, damit wir einige nette Urlaubstage hatten.

Auch 1992 mußte ich zwei-, dreimal nach Korea fliegen. Zum einen war ich ja Berater von POSCO, dann war der Daewoo Konzern gerade dabei, ein zentrales Forschungsinstitut neu aufzubauen, bei dem ich helfen sollte. Außerdem stand ein Besuch des KAIST auf dem Programm. Nach der Erledigung aller Verpflichtungen fuhr ich zu meinem Bruder nach Masan, um mich am Wochenende auszuruhen. Entweder gingen wir dann in die Sauna, oder er unternahm mit mir eine Autotour entlang der Südküste Koreas. Obwohl ich damals erst seit vier Monaten wieder Golf spielte bzw. eigentlich noch übte, gab ich vor meinem Bruder laut damit an. Da sagte mein Bruder sogleich, daß wir ja am nächsten Tag mit seinen Kollegen und Bekannten eine Runde spielen könnten. Da ich in meinem Golfclub schon einmal einen kleinen Wettkampf gewonnen hatte – wenn auch als Partner eines sehr guten Spielers –, blieb ich ganz gelassen und freute mich auf den folgenden Tag.

Frühmorgens wurde ich abgeholt und stand kurz darauf am ersten Abschlag auf dem Golfplatz. Wie üblich waren wir zu viert, doch ich hatte immer noch keine Bedenken, mit drei Partnern zu spielen. Nachdem jeder gesagt hatte, mit welchem Handicap er antrat, mußte ich mit meinem Abschlag bis zuletzt warten, denn ich war wirklich ein Anfänger und hatte noch gar kein Handicap. Mein Abschlag war dann auch prompt miserabel: Der Ball landete rechts im Rough, sogar in einem Gebüsch. Zum Glück fanden wir ihn nach gemeinsamer Suche bald.

Bei meinem zweiten Versuch flog der Ball weit nach links, so daß ich ihn nach der Regel für verloren erklären und einen zweiten Ball als Ersatz nehmen mußte. Diesmal flog er gerade, aber kaum mehr als 50 m. Allmählich wurde ich nervös, und das steigerte sich noch mit der Zeit. Immer schlug ich links oder rechts in das Gebüsch, oder aber der Ball rollte einfach die entlang eines Berghanges angelegten Golfbahnen hinunter, wenn man nicht exakt spielte, was bei mir oft der Fall war. Ich war völlig verzweifelt und bereute es, überhaupt mit den besseren Spielern hierher gekommen zu sein. Ich schämte mich sehr über mein schlechtes Spiel, auch wenn ich ja tatsächlich noch ein Anfänger war.

Meist gehen die Spieler anschließend in die Sauna und zu einem schönen Essen mit reichlich Reiswein. Ich aber hatte damals an nichts von alledem Freude. Seit der Zeit bin ich sehr vorsichtig geworden, wenn ich gefragt werde, ob und wie ich Golf spiele. Jetzt antworte ich immer: „Ein kleines bißchen, und nur so zum Spaß."

Agnes und Christoph

So ereignis- und erfolgreich das Jahr 1990 für mich war, auch für meine Kinder stellte es einen Wendepunkt in ihrem Leben dar. Christoph beendete seine Offiziersanwärterzeit in Fürstenfeldbruck und begann im Oktober in Hannover Medizin zu studieren. Agnes machte ihr Abitur und ging anschließend für ein Jahr nach Israel, um in einem Kibbuz zu arbeiten. Einerseits war eine solche praktische soziale Arbeit typisch für Agnes, andererseits glich sie darin auch sehr ihrer Mutter, die mir bei unserem Israelbesuch erzählt hatte, daß auch sie als junges Mädchen davon träumte, in einem Kibbuz zu arbeiten.

Nachdem Agnes ein halbes Jahr in Israel gewesen war, sorgte ich mich doch sehr, ob es ihr auch gutginge. Und als sie dann anfragte, ob ich sie nicht gemeinsam mit Christoph dort besuchen wollte, sagte ich sofort zu. Wir verließen Deutschland an einem kalten und ungemütlichen Dezembertag 1990. In Israel mieteten wir einen Wagen, um zu Agnes in ihrem landwirtschaftlichen Betrieb zu gelangen. Anschließend machten wir alle zusammen eine Fahrt durch die Wüste Negev nach Eilat am Golf von Aqaba. Beim anschließenden Aufenthalt am Toten Meer mußte ich wehmütig an meine frühere Reise mit Ingrid denken.

1991 kehrte Agnes nach Deutschland zurück und begann in Heidelberg zu studieren. Dort lernte sie ihren Freund Heinrich kennen, und da Christoph schon länger mit seiner Kollegin Claudia zusammen war, kam es viele Jahre lang zu der schönen Tradition, daß wir alle gemeinsam Weihnachten feierten. Wir saßen im Kaminkeller, rösteten Maronen oder Süßkartoffeln und spielten Mahjongg.

Der 80. Geburtstag unseres Vaters

Im Januar 1991 war der 80. Geburtstag von Superintendent Fuhr, Monikas Vater und meinem Zweit-Vater. Wir feierten im Hotel „Ebernburg", demselben Hotel, in dem ich 1980 die Tagung des *Vereins Koreanischer Naturwissenschaftler und Ingenieure* abgehalten hatte. Damals begleitete mich Ingrid, und nun war ich mit Monika zusammen. War es zunächst Dankbarkeit gewesen, die ich ihr gegenüber empfand, so wuchsen mit der Zeit doch Vertrauen, Zuneigung, ja Liebe.

Und obwohl wir damals bereits wie ein Ehepaar zusammenlebten, scheute ich mich doch, dies ihren Eltern gegenüber offen zu zeigen. Ich wollte vor der Ehe kein „Unrecht" tun, indem ich mit ihr in einem Zimmer schlief. Also bat ich sie, mit Agnes zusammen zu übernachten, während ich mir mit Christoph ein Zimmer teilen wollte.

Monika war über diesen Vorschlag sehr verärgert, auch wenn sie schließlich meinem Wunsch entsprach. Doch sie hatte schon recht, eigentlich habe ich mich ein wenig dumm benommen, schließlich waren wir alle erwachsen.

Als dann drei Monate später David, der älteste Sohn von Michael Fuhr konfirmiert wurde, nahmen wir demonstrativ ein gemeinsames Zimmer. Ganz wohl war mir altmodischem Kerl dabei aber nicht, vielleicht brauchte ich einfach noch Zeit, die Gepflogenheiten der modernen Gesellschaft zu akzeptieren.

Meine Schwester auf Deutschlandtour

Zehn Jahre nach ihrem ersten Besuch in Braunschweig kam meine Schwester diesmal mit ihrer Tochter Guybum nach Deutschland. Guybum hatte in Korea „Deutsche Literatur" studiert und konnte sich daher auf Deutsch ausdrücken. Während des zweiwöchigen Aufenthaltes in Deutschland und der Schweiz verbesserten sich ihre Sprachkenntnisse erheblich. Nachdem wir unseren Besuchern die Sehenswürdigkeiten in und um Braunschweig und Wolfenbüttel gezeigt hatten, fuhren wir nach Heidelberg, einer Stadt, von der Guybum wie alle Koreaner und Japaner sehr schwärmte. Da Agnes zu der Zeit dort studierte, gab es für diesen Besuch noch einen Grund mehr. Wir waren auf dem Weg in die Schweiz und konnten nicht lange bleiben, doch gefiel Guybum der kurze Aufenthalt so gut, daß sie einige Monate später für einen dreimonatigen Sprachkurs nochmals nach Heidelberg kam und während dieser Zeit bei Agnes in Leimen wohnte.

In der Schweiz konnten wir dann bei bestem Wetter fast täglich Besichtigungstouren unternehmen, mal nach Val d'Hérens, mal an den Genfer See oder nach Sion. Leider gestaltete sich das Essen ein wenig schwierig, da es in der Schweiz viele Gerichte mit Käse gibt, Koreaner diesen aber eigentlich gar nicht essen. Also blieb es für unsere Gäste beim täglichen Schnitzel. Gern mochte meine Schwester allerdings deutsche Weine und auch Hefeweizen. Dies wunderte mich ein wenig, hatte in den 50er Jahren meine Kirche in Korea das Alkoholtrinken doch streng verboten.

Ein förmlicher Antrag

1993 besuchte ich gemeinsam mit Monika ihre Eltern in Detmold. Nachdem wir gemütlich Tee getrunken hatten, bat ich Pfarrer Fuhr förmlich um ein Gespräch unter vier Augen. Und dort fragte ich ihn dann, ob er damit einverstanden wäre, wenn ich Monika heiraten würde. Er war nicht wenig überrascht, und das erste, was er mir antwortete, war: „Tschong, glaubst du, daß Moni für dich und deine Karriere die richtige Frau ist? Ich bin da nicht ganz sicher." Ich konnte kaum glauben, daß er so über seine eigene Tochter sprach. Und anschließend, als wir mit seiner Frau sprachen, äußerte auch sie ihre Zweifel, ob die „eigensinnige" Monika zu mir passen würde. Monika selbst wirkte darüber schockiert und hatte Tränen in den Augen.

Warum ich Monika heiraten wollte? In einer Zeit, wo man doch problemlos so zusammenleben kann? Einmal kannte ich Monika seit ihrem fünften Lebensjahr. Und nun lebte sie schon vier Jahre bei uns, obwohl sie ursprünglich nach drei Jahren in ihren Beruf zurückkehren wollte. Wie sollte ich sie davon abhalten, Braunschweig zu verlassen? Christoph und Agnes ermunterten mich, Monika zu heiraten.

Also planten wir unsere Hochzeitsfeier, die doppelt gefeiert werden sollte: einmal mit meinen Mitarbeitern, dann mit unseren Verwandten und engen Freunden von Agnes, Christoph und mir.

Am Freitag, dem 28. August, heirateten wir standesamtlich in Meinersen. Abends feierten wir mit meinen Mitarbeitern und Gästen aus Korea. Am folgenden Tag fand die kirchliche Trauung in Adenbüttel bei Braunschweig statt. Michael und Andreas Fuhr, die beide Pfarrer geworden waren, hielten den Gottesdienst. An einem kleinen Apfelbaum sollte jeder einen Wunschzettel für uns als Brautpaar aufhängen: er war am Ende ganz bunt.

Eine Hochzeitsreise wollten wir erst Ende September machen, nach Korea sollte es gehen. Zuvor aber mußte ich noch Mitte September eine Tagung in Berlin organisieren, und zwar die dritte Internationale Tagung über *Low Cycle Fatigue*. Nach Stuttgart 1979 und München 1987 sollte 1993 nach der deutschen Wiedervereinigung nun Berlin der Tagungsort sein. Die Veranstaltung fand im früheren Ost-Berlin statt und war ein großer Erfolg.

Meine Mitarbeiter im Jahre 1993 bei meiner Hochzeit

Ende September mußte ich wegen meiner Beratertätigkeit ohnehin nach Korea. Ich versprach Monika, nur zwei
Tage zu arbeiten und mich dann ganz unserer Hochzeitsreise zu widmen, die wir zuvor in Masan mit Unterstützung meines kleineren Bruders bereits begonnen hatten.
Kaum in Pohang angekommen, richtete mir der Leiter
des RIST aus, der Chairman des Daewoo Konzerns Woo-
Choong Kim habe mehrmals angerufen, und wir sollten
gleich nach unserer Ankunft zu ihm nach Seoul kommen.
Kaum hatten wir unser Zimmer im Hilton bezogen, ließ
uns der Chairman in seine dort in der obersten Etage
untergebrachten Räume rufen. Hatte ich erst noch gedacht, es könnte ernsthafte Schwierigkeiten im Konzern
geben, wurde mir nun manches klar: Er hatte woher auch
immer von meiner Heirat erfahren und wollte lediglich
meine zweite Frau sehen! Augenzwinkernd gratulierte er
mir auf Koreanisch zu meiner schönen und so viel jüngeren Frau.

Meine Beratertätigkeit für RIST - POSCO übte ich wie vereinbart nur bis Ende 1994 aus. Doch dann bat mich der Chairman des Daewoo Konzerns, in Zukunft die wenige Jahre zuvor gegründete Forschungseinrichtung *Institute of Advanced Engineering* (IAE) des Konzerns zu beraten. Ich war begeistert, nur Monika war unglücklich über wieder eine neue Aufgabe, und sie fragte verzweifelt, wann wir denn in Zukunft noch zum Golfspielen kommen wollen.

Besuch meines Masan-Bruders

Im Frühjahr 1995 besuchte uns mein Bruder aus Masan mit Frau und Tochter in Braunschweig. Christoph und Agnes kannten die Familie von unserem Koreabesuch im Jahre 1985, und Monika hatte sie bei unserer Hochzeitsreise kennengelernt. Daher haben sie sich alle sehr über diesen Besuch gefreut. Nachdem wir einige Sehenswürdigkeiten in der Umgebung besucht hatten, kam Christoph auf die Idee, zu dritt in seinem Golfclub eine Runde zu spielen. Das Spiel hat uns allen dreien sehr viel Spaß gemacht, allerdings gab es etwas, das Christoph sehr irritierte und sogar in Verlegenheit brachte: Immer, wenn Christoph oder ich einmal einen guten Schlag machten, schrie mein Bruder laut und auch auf den benachbarten Bahnen gut zu hören „Nice shot!" Alle Spieler dort schauten indigniert zu uns herüber. Also bat ich meinen Bruder, uns vielleicht nicht ganz so laut zu loben. Er war völlig enttäuscht und fragte, ob man in Deutschland auf dem Golfplatz denn mucksmäuschenstill sein müßte. Diplomatisch antwortete ich nur: „Anderes Land, andere Sitten!"

Nach einer Woche beschlossen wir, in die Schweiz

zu fahren, mit einer Übernachtungspause in Bruchsal. Es war Monikas Idee gewesen, da wir früher dort stets nur vorbeigefahren waren, ohne die Stadt zu besichtigen. Und es hat sich sehr gelohnt! Das Schloß aus dem 18. Jahrhundert und die Barockkirche beeindruckten die koreanischen Besucher sehr, denn gerade das prunkvolle Barock lieben die Asiaten am meisten.

Auf der Rückfahrt machten wir dann noch einen Umweg zum Bodensee und eine Zwischenstation in Memmingen, was meinem Bruder ebenfalls sehr gefiel. Bei unserem Abschied auf dem Flughafen Hannover versprachen wir, bei unserer nächsten Koreareise, die etwa einen Monat später stattfinden sollte, unbedingt auch wieder nach Masan zu kommen.

Ehrenbürger von Seoul

Aus Anlaß des 50. Jahrestages der Befreiung von der japanischen Besatzung sollten 1995 in Korea zahlreiche Feiern stattfinden, und ich hatte persönlich eine Einladung des Bürgermeisters von Seoul erhalten. Also reiste ich mit Monika Mitte August dorthin.

Am 15. August fand vor dem alten japanischen Gouverneursgebäude eine große Feier in Anwesenheit des Staatspräsidenten Y.-S. Kim statt. Dieses Gebäude sollte bald abgerissen werden, wie man bei der Gelegenheit verkündete.

Außer mir waren da noch drei weitere Gäste aus Deutschland, ein Institutsleiter des Karlsruher Forschungszentrums, Prof. J.-I. Kim, den ich seit Jahren gut kannte, ein Arzt und eine Malerin. Besonders tief bewegt war ich, als die Stadt Seoul mir die Ehrenbürgerschaft verlieh. Aus den USA, Japan, Großbritannien und Frank-

Verleihung der Ehrenbürgerschaft durch den Oberbürgermeister der Stadt Seoul

reich waren viele verdiente Auslandskoreaner gekommen, denen diese Ehre ebenfalls zuteil wurde. Mein kleiner „Fernseh-Bruder" war dabei so geschickt, daß ich zusammen mit Monika oft von den Fernsehkameras aufgenommen wurde.

Als alle offiziellen Verpflichtungen in Seoul erledigt waren, reisten wir wie verabredet nach Masan zu meinem Bruder. Nachdem wir ihm und seiner Familie einen Monat zuvor bei ihrem Besuch in Deutschland so viel gezeigt hatten, wollten sie sich unbedingt revanchieren. Sie fuhren mit uns zu heißen Quellen, machten Ausflüge an die Südküste und luden uns in ein spezielles Fischrestaurant ein. Wir haben den Aufenthalt dort sehr genossen und uns gut erholt. Seit dieser Zeit gehört der Besuch von Masan zu einem Koreaaufenthalt einfach dazu.

Professor Han

Noch im Frühjahr 1995 war ich in San Diego gewesen, um an einer Internationalen Tagung über dünne Schichten teilzunehmen. Während der Tagung kam ein Koreaner zu mir und stellte sich als Professor J.-G. Han von der *Sung-Kyun-Kwan Universität* vor. Er habe viel von mir gelesen und würde mich gern einmal in Braunschweig besuchen. Schon wenige Monate später erschien er dort, und ich zeigte ihm ausführlich unser Institut und erläuterte unsere Forschungstätigkeit. Er war sehr interessiert und fragte mich, ob ich nicht auch ihn in Korea besuchen könnte. Da ich nur wenig Zeit hatte, versprach ich, ihn bei meinem nächsten regulären Aufenthalt dort einmal aufzusuchen, was ich dann auch tat. Seine Labors damals waren noch sehr einfach ausgerüstet und sein Arbeitsbereich beschränkt. Ich konnte ihm einige Ratschläge hinsichtlich zukünftiger Forschungsschwerpunkte geben.

Im folgenden Jahr traf ich Prof. Han erneut in San Diego, und wir haben uns rege ausgetauscht.

Im November fand dann meine Arbeitskreissitzung in Aachen statt, und am Abend unterhielt ich mich mit Prof. Wolf aus Heidelberg und Dr. Broszeit aus Darmstadt über die Internationale Tagung PSE in Garmisch-Partenkirchen. Da deren Organisation stets mit viel Arbeit verbunden war, wollte ich es bei dem zweijährigen Turnus belassen.

Da schlugen mir meine Gesprächspartner vor, in den Jahren dazwischen doch immer eine ebensolche Tagung auch in Asien anzubieten, und sie fragten, ob ich nicht jemanden in Korea für diese Aufgabe wüßte. Ich war dann doch ein wenig sprachlos, denn es war immerhin schon

November. 1997 hatten wir eine Konferenz-Pause. Und da sollte mal eben jemand in Korea eine Tagung organisieren, womöglich bis September? Es war eigentlich ein Hirngespinst bei der knappen Zeit.

Ich versprach aber, Prof. Han am nächsten Tag anzurufen und ihn darum zu bitten. Selbstverständlich wollte ich ihn gegebenenfalls dabei unterstützen.

Als ich Prof. Han dann am Telefon hatte, sagte er sogleich zu, bat aber um meine Mithilfe, möglichst viele europäische Wissenschaftler für eine Teilnahme und Vorträge zu mobilisieren.

Die neue Tagungsreihe erhielt den Namen *Asian European Plasma Surface Engineering* (AEPSE), und auf diese Weise wurde ich auch für diese Veranstaltungsreihe der Gründungsvorsitzende.

Korea, Japan und China übernahmen nun jedes zweite Jahr die Organisation der Tagung im jeweils eigenen Land. Professor Han brachte es fertig, die erste AEPSE tatsächlich im September 1997 in Seoul stattfinden zu lassen. Tagungsort und Hotel für die Teilnehmer war das Olympia-Hotel auf dem Olympiagelände von 1988. Auch ich hielt bei dieser Gelegenheit einen Vortrag, und ich nahm Monika sowie Christoph und seine Frau Claudia mit auf die Reise. Bis heute hat sich diese Tagungsreihe prächtig entwickelt.

Überarbeitung und Gesundheitsprobleme

Nach meiner Rückkehr von den Feierlichkeiten 1995 in Korea mußte ich im September Tag und Nacht arbeiten, Berichte schreiben und Forschungs-Fortsetzungsanträge formulieren. Auch an einem Sonntag arbeitete ich ganz allein im ansonsten leeren und verschlossenen Institut.

Gegen 3 Uhr nachmittags drehte sich dann plötzlich alles rasend schnell um mich herum, mir wurde ganz schwindlig und ich lief rasch zum Waschbecken, um mich zu übergeben. Anschließend war ich nicht in der Lage, zum Schreibtisch zurückzukehren, sondern blieb auf dem Boden liegen. Mit letzter Kraft kroch ich zum Telefon, wußte aber gar nicht, welche Nummer man in einem solchen Fall anrufen sollte. Also wählte ich einfach Christophs Nummer in Hannover und schilderte ihm meinen Zustand. Er beruhigte mich und sagte, daß er gleich die Rettungsstelle in Braunschweig alarmieren werde. Etwa fünf Minuten später hörte ich schon die Sirene des Rettungswagens. Doch wie konnten sie mich finden? Die Tür war abgeschlossen, und keiner wußte, wo ich hilflos lag. Also kroch ich mit letzter Kraft zur Eingangstür. Kaum hatte ich sie geöffnet, stürzte ich draußen wie ein Betrunkener zu Boden. Sofort brachte man mich zu einem Rettungswagen, untersuchte mich kurz und gab mir einige Spritzen. Dann ging es mit Blaulicht zum ganz in unserer Nähe gelegenen Krankenhaus Salzdahlumer Straße, wo ich über Nacht auf der Intensivstation bleiben mußte. Christoph benachrichtigte dann Agnes, die damals in Hamburg studierte, sowie Monika, die in Gundernhausen bei Frankfurt bei der Familie ihrer Schwester war. Dort hatte es nach der Geburt des zweiten Kindes ernste Komplikationen gegeben.

Am nächsten Tag verlegte man mich in ein Einzelzimmer. Ich fühlte mich sehr unsicher und einsam, bekam dann aber bald Besuch von Agnes, die sich frühmorgens von Hamburg auf den Weg gemacht hatte. Ich war ihr dafür sehr dankbar. Nachmittags kam Christoph aus Hannover, und ich war sehr gerührt über die Sorge der Kinder.

Etwas traurig war ich nur darüber, daß sich Monika

noch nicht gemeldet hatte, doch vermutete ich, daß sie auf dem Rückweg zu mir wäre. Schließlich klingelte das Telefon und sie meldete sich. Als ich sie fragte, wann sie denn eintreffen würde, antwortete sie, daß sie erst am folgenden Tag den Zug nehmen könnte. Sie habe mit der Ärztin gesprochen und erfahren, daß ich nicht in Lebensgefahr sei. Ich glaubte, sie nicht richtig verstanden zu haben. Weil ich nicht in Lebensgefahr war, beeilte sie sich nicht mit ihrem Kommen? Ich hätte viel für ihre sofortige Anwesenheit gegeben und mußte zum ersten Mal erleben, daß ich bei meiner jungen Frau nicht an erster Stelle stand. Deshalb bin ich noch heute ein wenig bedrückt, wenn ich an diesen meinen ersten Krankenhausaufenthalt in meiner neuen Ehe denke.

Mein 60. Geburtstag und Christophs Hochzeit

Im darauffolgenden Jahr wurde ich 60 Jahre alt. Im Anschluß an die Verleihung eines Verdienstordens von der koreanischen Regierung veranstaltete ich eine große Feier mit allen früheren Mitarbeitern und vielen Kollegen von der TU Braunschweig. Und natürlich waren auch meine Kinder mit jeweiligem Freund bzw. Freundin anwesend.

Von meinen früheren Mitarbeitern erfuhr ich viel darüber, was sie machten und wie sie lebten. Es war schön, näheres über ihre Karrieren und Lebenswege zu erfahren. Mein erster Doktorand auf dem Gebiet „Plasma-Oberflächentechnik", Dr. Lampe, war damals schon Chef des Zentrallabors bei VW, und unter seinen Mitarbeitern waren viele, die er von mir geholt hatte.

Als ich dann dienstlich in Korea war, organisierten auch meine Geschwister eine schöne Feier anläßlich meines 60. Geburtstags. Dieser Tag ist in Korea der wich-

Verleihung des Verdienstordens der koreanischen Regierung durch den Wissenschaftsminister zum 60. Geburtstag

tigste Tag im Leben eines Menschen, und auf dem Lande konnten solche Feiern bis zu drei Tagen dauern.

Wie es die Tradition verlangte, gingen meine Geschwister zwei Tage zuvor mit mir zu einem vornehmen Schneider. Meistens sucht man dafür die Schneider im „Hyundai" oder „Lotte" Department-Store auf. Ich wählte den Stoff aus, der Schneider nahm Maß, und schon einige Tage später war der Anzug fertig. So bekam ich von meinen Geschwistern also einen Maßanzug zu meinem 60. Geburtstag, einen Anzug, den ich heute noch habe. Er ist mein Lieblingsanzug und wird nur bei besonderen Gelegenheiten getragen.

Im Herbst schloß Christoph sein Studium an der Medizinischen Hochschule Hannover mit dem Examen ab, ebenso wie seine Freundin. Sie war schon promoviert, Christoph wollte ebenfalls bis zur Promotion weitermachen. Da sein Doktorvater einen Ruf an die Universität Halle/Saale erhalten hatte, wollte Christoph mit ihm gehen, um nach der Promotion auch noch bei ihm zu habilitieren. So wurde er zu einer Bundeswehreinheit in der Nähe von Leipzig versetzt und nahm eine Wohnung in Leipzig.

1997 teilte mir Christoph mit, daß er Claudia im Sommer heiraten wolle. Mit der Organisation der Feier hatte ich nichts zu tun, das übernahm Claudias Vater. Ich leistete einen finanziellen Beitrag und schenkte dem Paar die Hochzeitsreise nach Korea.

Etwa drei Wochen nach der Hochzeit flogen wir, Claudia, Christoph, Monika und ich los, sogar alle in der Business Class. Als wir nach einigen Stunden gemütlich schwatzend auf dem Oberdeck saßen, brachten zwei Stewardessen einen „Hochzeitskuchen" mit brennenden Kerzen und eine Flasche Sekt. Alle klatschten, und das junge Paar war überglücklich wegen dieser schönen Überraschung.

Nach meiner Tagung nahmen uns die Tagungsorganisatoren mit zur Insel Jeju ganz im Süden, und nach der Rückkehr trafen wir mit dem Brautpaar wieder in Masan zusammen, wohin die beiden von Seoul aus über Gyong-Ju gereist waren. Wir erkundeten wieder die Südküste, die auch Claudia sehr beeindruckt hat. Christoph war 1985 schon einmal dort gewesen.

Neue Gesundheitsprobleme

Nach unserer Reise erwartete ich wieder einmal zwei Besucher aus Korea in Braunschweig, die auch bereits eine Woche später eintrafen. Abends lud ich sie in ein typisch deutsches Restaurant ein, und um Mitternacht fiel ich müde ins Bett. Eine Stunde später schreckte ich hoch und fragte Monika, „ob die Koreaner bereits angekommen" seien. Darüber war sie nicht wenig erstaunt, beruhigte mich aber. Ich schlief wieder ein, doch eine Stunde später wiederholte sich dieser Vorgang. Schließlich stellte ich wohl alle zwei Minuten die gleiche Frage. Um fünf Uhr morgens rief eine völlig verzweifelte Monika dann nach telefonischer Rücksprache mit Christoph den Rettungsdienst, und ich kam ins Krankenhaus.

Ich hatte tatsächlich keinerlei Erinnerung mehr an den vergangenen Tag und Abend. Im Krankenhaus wurde ich zwei Monate lang intensiv untersucht und behandelt, dennoch konnte am Ende niemand sagen, was diese Amnesie ausgelöst hatte. Der behandelnde Arzt erklärte mir aber, daß so etwas jeden treffen könnte, der ständig unter großem Streß leben muß.

Und damit hatte der Arzt völlig recht: Mein Leben in den letzten Jahren war übervoll gewesen mit all den Berichten und Forschungsanträgen, den Tagungen in Europa und Asien, den Arbeitskreisen und vielen Besuchern. Ich hatte mir wohl einfach zu viel zugemutet.

Außerdem mußte ich infolge meiner Beratertätigkeit für verschiedene Firmen durchschnittlich viermal jährlich nach Korea fliegen, die vielen Starts und Landungen könnten mein Innenohr mit geschädigt haben. Es war kein Wunder, daß Monika nur wenig begeistert war, wenn ich wieder einmal neue Aufträge in Korea annahm.

Da ich Hörprobleme hatte und beim Gehen immer wieder schwankte, ja gelegentlich einen Schwindelanfall erlitt, ließ ich mich an der Medizinischen Hochschule Hannover gründlich untersuchen. Ein Neurologe bestätigte, daß meine Schwindelanfälle zu 70% mit meinen Innenohr-Problemen zusammenhingen. Seit dieser Zeit bekomme ich Blutverdünnungsmittel, benutze Hörgeräte und mache Übungen gegen die Schwindelanfälle.

Im Jahre 1998 wurde Christoph promoviert, und ich freute mich, daß er es mit einer sehr guten Note geschafft hatte.

Nun wollte er bei seinem Doktorvater Prof. Schmoll auch habilitieren, und ich fühlte mich daran erinnert, wie ich 30 Jahre zuvor aus den USA zurückgekehrt war, um bei Prof. Stüwe dasselbe zu tun.

Da für Christophs umfangreiche und arbeitsintensive Habilitationsarbeit der Standort der Bundeswehr in Leipzig zwar recht günstig war, aber für sein weiteres Fortkommen nicht genügend Möglichkeiten bot, stellte er einen Antrag auf Entlassung aus der Bundeswehr. Als ich hörte, daß dem stattgegeben worden war, war ich glücklich und dachte, die größten Hindernisse wären beseitigt, und Christoph brauchte sich nur noch ganz auf seine Habilitationsarbeit zu konzentrieren.

Eine erlebnisreiche Reise nach China

Professor He von der Universität Xian in China hatte ich während der PSE Konferenzen 1994 und 1996 in Garmisch-Partenkirchen kennengelernt. Ende 1997 fragte er, ob ich nicht nach Xian kommen und einige Vorträge bzw. Kurse über Plasma-Oberflächentechnik halten könnte;

die Mittel dazu seien bewilligt worden. Im Frühjahr 1998 sollte ich fahren, und ich wußte nicht, wer meine Zuhörer wären und auf welchem Niveau meine Vorträge sein sollten. Auf jeden Fall spiegelten meine Manuskripte den letzten Forschungsstand wider, da Professor He ein Experte auf dem Gebiet „Plasma-Oberflächentechnik" war. Eine ganze Woche lang hielt ich Vorträge, täglich von 10 bis 12 Uhr vormittags. Nach dem Mittagessen stand dann eine Sightseeing-Tour auf dem Programm. Besonders beeindruckt hat mich die Terracotta-Armee, eine frühchinesische Grabanlage aus dem Jahre 210 v. Chr., erbaut für den ersten chinesischen Kaiser Quin Shihuangdis.

Vor unserer Rückkehr fragte mich Prof. He, ob wir über Beijing fliegen würden. Als ich dies bejahte, bot er an, daß dort einer seiner früheren Mitarbeiter uns die Stadt und besonders die Chinesische Mauer zeigen könnte.

Und so holte uns sein Mitarbeiter am Flughafen ab und brachte uns zum Hotel. Wir konnten die Chinesische Mauer endlich einmal in aller Ruhe besichtigen, denn bei meinem letzten Besuch dort 1987 ging es doch recht hektisch zu.

Überhaupt ist die Gastfreundschaft und das Entgegenkommen von Prof. He nicht hoch genug zu loben. In Xian hatte er uns sogar zu sich nach Hause zum Essen eingeladen, etwas, das in China eigentlich nur unter engsten Freunden vorkommt.

Ehrung durch meine alte Universität

Im Jahre 1999, es war kurz vor meinem 63. Geburtstag, erhielt ich die Mitteilung, daß mich die Hochschule für Ingenieurwesen der *Seoul National University* (SNU) aus-

Auszeichnung durch die *Seoul National University* als „Stolzer Alumni"

zeichnen wollte. Diese Auszeichnung mit dem Namen „Die stolzen Alumni" war für ehemalige Studenten gedacht, die bekannt oder in ihrem Fachgebiet hoch angesehen waren.

Also flog ich mit Monika nach Korea, im Gepäck meinen besten Anzug für die Zeremonie. Von Hannover ging es über Paris nach Seoul, und als wir dort an der Gepäckausgabe standen, warteten wir vergebens auf meinen Koffer. Nichts war zu erreichen, und wir mußten ohne Gepäck zu unserer Unterkunft.

Freunde, die uns vom Flughafen abholten, beruhigten uns, daß die Koffer sicher nach einigen Tagen nachkommen würden. Das tröstete mich wenig, wußte ich doch nicht, was ich am übernächsten Tag bei der Feier ohne meinen Anzug machen sollte.

Doch auch da wußten sie Rat, und wir gingen zum Schneider eines großen Kaufhauses: Morgens um 10 Uhr wurde maßgenommen, und um 18 Uhr konnte ich meinen neuen Maßanzug abholen. Die Feier war gerettet, nur Krawatten mußte ich noch kaufen.

Bei der großen Feier mit den Fakultätskollegen und Gästen wurde neben mir noch ein anderer Ehemaliger ausgezeichnet, ein Bauingenieur, der sich als Chairman des damals weltgrößten Stahlwerks POSCO verdient gemacht hatte. In der Eingangshalle des Fakultätsgebäudes der SNU findet man alle bisher Ausgezeichneten mit Bildern vorgestellt. Da hänge ich jetzt auch, und Monika ist darauf sehr stolz.

Erst fünf Tage später erhielt ich eine Nachricht von *Korean Airlines*, daß wir unsere Koffer abholen könnten. Auf Nachfrage erklärte man mir, daß mein Koffer versehentlich von Paris nach Afrika verfrachtet wurde. Seit dieser Zeit fliege ich nie mehr über Paris, sondern bevorzuge Frankfurt oder Zürich. Denn auch im Jahre 1959 bei meinem allerersten Flug nach Europa war mein Koffer in Afrika gelandet, auch damals war ich über Paris geflogen!

Untergebracht waren wir während unseres Aufenthaltes im Gästehaus der *Seoul National University*. Diese liegt an einem Berghang, etwa 400 m hoch. Es war Anfang April und überall waren die für Korea typischen frühblühenden hellblau-lila Blüten zu sehen. Es war die Jindalle, von der schon Ingrid so begeistert gewesen war, als wir gemeinsam Korea besuchten.

Wir gruben einige kleine Pflanzen aus und nahmen sie in feuchtes Papier gewickelt mit nach Deutschland. Sie haben die Reise tatsächlich überstanden und wurden

auf Ingrids Grab gepflanzt, wo sie prächtig gedeihen.
Niemals vergessen wir, sie ganz besonders zu gießen.

Nach China und Japan

Im Herbst 1999 waren wir in Beijing, um an der zweiten
Tagung der Reihe AEPSE teilzunehmen. Leider war diese
Tagung schlecht organisiert, und besonders die Aussteller
aus Deutschland waren verärgert, weil sie kaum Kontakt
zu chinesischen Interessenten herstellen konnten. Dafür
machte aber Prof. Han ein von Nordkoreanern geführtes
Restaurant ausfindig, das für seine „Kaltnudeln" bekannt
war. Man behauptet in Korea, die „Kaltnudel" stamme
ursprünglich aus Nordkorea und nur dies sei die wahre
Kaltnudel und schmecke am besten.

1999 war für mich persönlich ein aufregendes Jahr, da
ich nach dem Aufenthalt in Seoul im Frühjahr und der
Chinareise im Herbst mit Monika auch noch in Japan bei
Professor Hatanaka von der *Yamaguchi University* war.
Er hatte mich eingeladen, auf einer kleinen Expertenta-
gung der Universität einen Vortrag zu halten, auch wenn
mein Fachgebiet das Thema der Tagung nur am Rande
berührte.

Yamaguchi ist doch eine recht kleine Stadt und im Ausland wenig bekannt. Wir mußten nicht nur den Flug
zweimal unterbrechen und die Flugzeuge wechseln, sondern auch auf der Zugfahrt nach Yamaguchi zweimal
umsteigen. Es war sehr mühsam. Bisweilen saßen wir
ganz allein im Abteil und konnten niemanden fragen, ob
wir überhaupt im richtigen Zug waren.
  Als wir auf Einladung der Familie Hatanaka etliche

traditionelle japanische Gerichte probieren konnten, war Monika so begeistert, daß wir beschlossen, auch in Deutschland häufiger Japanisch essen zu gehen.

Nach der Tagung fuhren wir nach Fukuoka, einer Hafenstadt im Süden, um von dort aus nach Seoul weiterzufliegen. Zuvor aber wollten wir die Stadt auf eigene Faust kennenlernen. Dazu kam es allerdings leider nicht, denn bei unserer Ankunft lag die Temperatur über 35° C, und der Himmel war wolkenlos. So liefen wir von einem klimatisierten Kaufhaus zum anderen und verzichteten auf eine Sightseeing-Tour. Wie die echten Japaner aßen wir mittags „Soba", die dünnen, kalten japanischen Nudeln. Nach zwei Übernachtungen flogen wir weiter nach Seoul, wo das Wetter etwas angenehmer war.

Bei dieser Gelegenheit nahm ich auch gleich meine Aufgaben beim Daewoo-Konzern wahr. Leider ging dieser noch im selben Jahr in Konkurs, eine Folge der so genannten „IMF-Krise". Eigentlich war Daewoo für den *International Monetary Fund* geopfert worden, um die ökonomische Blase, die sich in Korea in den Jahren zuvor gebildet hatte, zu korrigieren. Ebensogut hätte es Samsung oder Hyundai treffen können.

Für mich bedeutete es aber, daß ich in Zukunft weniger Arbeit hatte – bis ich dann 2002 mit meiner Beratertätigkeit für die Hyundai Motor Co. begann.

6. Aussichtslos?

Das Katastrophenjahr 2000

Das Frühjahr 2000 war recht warm und sonnig, so daß wir uns auf Monikas Vorschlag hin entschlossen, Christoph an einem Wochenende in Leipzig zu besuchen. Am Sonntag war dort auf dem Marktplatz ein großes Bierzelt aufgebaut, und wir saßen zusammen mit Christoph und aßen und tranken vergnügt. Claudia war nicht dabei, da sie mit einer Freundin weggefahren war. Wir verbrachten einen netten Sonntag, Christoph wirkte sehr entspannt, abends fuhren wir wieder nach Hause zurück.

Im August desselben Jahres bat mich Professor J.-G. Han, als Leiter seines Partnerinstituts IOPW der TU Braunschweig gemeinsam mit Professor Bräuer, dem Leiter des Fraunhofer-Instituts (IST), an der Grundsteinlegung seines neuen Instituts in Korea teilzunehmen. Einige Jahre zuvor hatte der Samsung-Konzern die *Sung-Kyun-Kwan* (SKK) Universität gekauft und begonnen, diese zu modernisieren. Daher legte der Samsung-Konzern großen Wert auf eine Zusammenarbeit der SKK Universität mit der deutschen Hochschule bzw. dem Fraunhofer-Institut.

Vom Flughafen Frankfurt aus versuchte ich Christoph zu erreichen, da ich mich vor längeren Reisen immer von ihm verabschiedete. Mein Handy hatte ich vergessen, also versuchte ich es mehrmals von einer Telefonzelle aus, jedoch ohne Erfolg.

Ein wenig enttäuscht wartete ich auf den Abflug,

später richtete mir Monika aus, Christoph habe von meinem Anruf erfahren und ließe mich vielmals grüßen. Alles sei in Ordnung.

Am nächsten Tag war das Richtfest des neuen Gebäudes für das Institut von Professor J.-G. Han, zu dem viele Mitglieder der Hochschulgremien erschienen. Erstmals sollte in Korea ein Institut nur für Plasma-Oberflächentechnik gegründet werden, was für Prof. Han Anlaß genug war, mich als langjährigen Berater dazu einzuladen. Das neue Institut stand in Suwon, etwa 40 km südlich von Seoul. Sehnsüchtig wartete ich auf das Wochenende, um wie immer nach Süden zu meinem Bruder zu fahren und mich zu erholen. Als ich dann am Freitagnachmittag in Masan aus dem Bus stieg, stand nicht nur mein Bruder an der Haltestelle, sondern auch meine Schwägerin.

Beide wirkten sehr ernst und richteten mir aus, daß unsere Schwester aus Seoul angerufen hatte. Ich solle gleich zu Hause in Deutschland anrufen. Ich hatte keine Ahnung, warum ich mich so dringend bei Monika melden sollte.

Auf meinen Anruf hin meldete sie sich sofort, als hätte sie neben dem Telefon gewartet. Ich konnte nicht glauben, was sie mir zu sagen hatte. Sie sagte, daß „Christoph heute heimgegangen" sei zu seiner Mutter Ingrid und ich ganz tapfer sein solle. Doch wie konnte ich dies nach einer solchen Katastrophenmeldung sein? Ungläubig wiederholte ich immer wieder, daß es doch nicht wahr sein könne. Es war für mich wie der Weltuntergang.

Ich war so verwirrt, daß ich Monika gar nicht nach den näheren Umständen fragte, kaum nahm ich meine Umgebung wahr und weinte unaufhörlich. Mein Bruder schaffte es auch nicht, mich zu trösten, und weinte gemeinsam mit mir.

Monika und Agnes baten mich am Telefon, so rasch wie möglich zurückzukommen.

Ohne meinen Koffer auch nur geöffnet zu haben, flog ich zusammen mit meinem Bruder und meiner Schwägerin noch am Abend zurück nach Seoul. Dort erwarteten mich alle Brüder mit ihren Frauen, um mir, dem älteren Bruder beizustehen und mich nicht allein zu lassen.

Es wurde beschlossen, daß meine Schwester mich am nächsten Morgen zurück nach Deutschland begleiten sollte. Darüber war ich sehr froh, hätte ich doch nicht gewußt, wie ich heil wieder hätte zurückkommen sollen.

In meiner Verzweiflung führte ich Selbstgespräche und wiederholte immer wieder, daß es sich nur um einen Irrtum handeln könnte und Christoph gewiß noch lebte. Keiner von uns konnte in dieser Nacht schlafen.

Früh am nächsten Morgen rief ich Prof. Han an und berichtete ihm von den schrecklichen Ereignissen. Er war ganz still und sagte, daß er mich am Flughafen verabschieden wolle. Aber als er mich dann später zu trösten versuchte, konnte ich kaum ein Wort aufnehmen.

Ich bereute es sehr, nach Korea geflogen zu sein. Vielleicht hätte ich Christoph ja helfen können. Und ich redete mir wieder und wieder ein, daß alles nur ein Irrtum sein könnte, Christoph vielleicht in die Berge gegangen wäre und nun vermißt würde.

Als mich dann in Hannover Agnes und Monika in Empfang nahmen, wurde mir klar, daß es keinen Irrtum gab. Ich werde nicht vergessen, wie Agnes auf der Autofahrt zurück nach Braunschweig immer wieder schluchzend sagte: „Vati, ich bin doch auch noch da!"

Zu Hause angekommen, suchte ich Bilder von Christoph, um sie auf dem Couchtisch aufzustellen. Am folgenden Sonntag kamen meine deutschen „Brüder"

Michael, Johannes und Andreas Fuhr, um mich zu trösten und mir zu helfen.

Am 25. August 2000 haben wir Christoph verloren, und die Beerdigung fand am 1. September statt. Den Trauergottesdienst wollten die Fuhr Brüder übernehmen, die Christoph ja von klein auf kannten.

Wie erwartet kamen über einhundert Trauergäste von nah und fern, u.a. viele Arbeitskollegen von Christoph von der Universität Halle/Saale.

Immer wieder brach ich in Tränen aus, ein Ausdruck von Schwäche und Hilflosigkeit. In Korea sagt man, daß das Traurigste in der Welt ist, wenn der Vater sein eigenes Kind zu Grabe trägt. Oft denke ich darüber nach, ob ich versagt habe, weil ich Christoph so früh verlor. Hatte ich etwas falsch gemacht?

Erst nach der Beerdigung hatten wir mehr Zeit, über die Ursache dieser Katastrophe nachzudenken. Claudia, Christophs Ehefrau, besuchte uns und berichtete auf unser eindringliches Fragen hin, daß das Verhältnis zwischen ihr und Christoph nicht so war, wie es nach außen hin schien. Wenn sie zu Besuch waren, hatten sie stets das verliebte Paar gespielt, und ich war jetzt über diese Unehrlichkeit sehr enttäuscht. Immer war ich davon überzeugt gewesen, daß es den beiden glänzend ginge.

Ich habe Claudia immer sehr gern gehabt und mich gefreut, daß Christoph ein so nettes Mädchen gefunden hatte. Ich gab mir immer alle Mühe, ihr eine Freude zu machen, lud sie in die Schweiz ein und nahm die beiden mit nach Korea. So war ich sehr enttäuscht, daß sie nicht früher ehrlich mit uns gesprochen hatten.

Einige Tage später brachte sie mir ein Schriftstück, die Kopie der von Christoph mündlich auf Band gesprochenen Abschiedsnachricht an Claudia. Und sie berichtete uns von Christophs letztem Tag, der so ganz ohne besondere Vorkommnisse gewesen sei.

Der Grund für seinen Selbstmord lag wohl in einem Verhältnis, das er mit einer Schwesternschülerin begonnen hatte. Bei der Trauung hatte er seiner Frau versprochen, sie zu lieben, bis der Tod sie scheidet. Dieses Versprechen vor Gott wollte er nicht brechen, so daß er nur noch einen einzigen Ausweg sah.

Christoph war ein Romantiker, und er war von Kindheit an christlich geprägt. Sowohl seine Mutter als Pfarrerin als auch ich haben ihn in diesem Sinne erzogen. Vielleicht aber hatte er alles zu wörtlich genommen. Vielleicht hatte ich einen Fehler gemacht. Mir kamen Zweifel, ob meine Lebensanschauung überhaupt richtig war.

Trauerbewältigung

Im Herbst fand meine Tagung *International Conference* PSE wie immer in Garmisch-Partenkirchen statt, wo ich als erstes Professor J.-J. Lee von der SNU traf. Er hatte im Max-Planck-Institut in Stuttgart promoviert und sprach deswegen noch sehr gut deutsch. Er hatte schon von meinem Verlust gehört und fragte mich, was Christoph in seinem Leben am liebsten gemacht habe. Ich erzählte von seinen Klettertouren in den Bergen und seiner Begeisterung für das Tiefseetauchen, auch wenn ich selbst dabei immer voller Sorge gewesen war.

Da sagte Professor J.-J. Lee zu unserer Verblüffung etwas sehr Tröstliches: „Christoph ist auf die hohen Bergen geklettert und in der Tiefsee getaucht. Er hat also sowohl die Höhe als auch die Tiefe erobert. Was wollen Sie denn noch mehr, was er machen sollte? Er hat alle schönen Dinge im Leben erlebt. Er war ein sehr glücklicher Mensch. Seien Sie bitte nicht so traurig. Er ist jetzt nach vielen, schönen Erlebnissen bestens aufgehoben." Auch wenn seine Argumentation uns ein wenig verblüfft hat, fanden wir seine Worte doch sehr tröstlich.

Mein großer Bruder aus Seattle hatte an Christophs Beerdigung nicht teilnehmen können, da er mit seinen 70 Jahren gesundheitlich etwas angegriffen war und sich den langen Flug nach Deutschland nicht zutraute. Fünf Monate später besuchte er uns dann in Braunschweig, und wir gingen gemeinsam zu Christophs Grab.

Da ich damals noch im Dienst war, führte ich meinen Bruder auch durch mein Institut. Und dann machten wir noch einen Abstecher nach Berlin, das mein Bruder nicht kannte und das nun viel leichter zu erreichen war als früher. Leider konnte ich ihm nur einen kleinen Teil der Stadt zeigen.

Als er dann nach Seattle zurückflog, dachten wir beide, ob wir uns wohl vor unserem Tod noch einmal sehen würden. Seine Zuneigung und Verbundenheit waren mir ein großer Trost, und wie gern würde ich möglichst bald als Zeichen der Vertrautheit und des Respekts seinen Besuch erwidern.

Agnes: Hochzeit und Promotion

Etwa eine Woche nach Christophs Beerdigung heirateten Agnes und Heinrich standesamtlich in Nürnberg. Dieser Termin war schon Monate zuvor festgelegt worden, und ich akzeptierte Agnes Wunsch, die Hochzeit nicht zu verschieben.

Wir feierten nur im kleinen Kreis, und es tat mir weh,

nicht angemessen heiter sein zu können. Eigentlich war dies nach der Katastrophe auch eine Art Aufbruch zu neuen Ufern.

Ich bedauerte, daß Agnes keinen Doppelnamen haben wollte, um unseren Namen „Rie" weiterzutragen, nachdem Christoph nicht mehr da war. Vielleicht war mein Wunsch Ausdruck meiner Verzweiflung, aber es hätte mich in dieser schweren Zeit getröstet.

Zwei Jahre später promovierte Agnes 2002 an der Universität Leiden in Holland im Bereich Buchwesen über alte Handschriften des 15. Jahrhunderts bei Prof. Gumbert. Ich war sehr stolz auf sie.

Im Jahre 2006 kamen Agnes und Heinrich auf die Idee, sich nachträglich kirchlich trauen zu lassen. Dies geschah im Oktober in einer kleinen Kapelle in Nürnberg. Schönerweise war zu eben dieser Zeit meine Schwester mit ihrer Tochter auf einer Rucksackwanderung durch Deutschland, so daß sie an der Feier teilnehmen konnten. Ich freute mich, daß dadurch die Familie Rie wenigstens ein wenig vertreten war. Später berichtete mir meine Schwester, daß es kein Zufall gewesen war, sondern sie speziell wegen der Hochzeit von Agnes zu der Zeit in Deutschland Urlaub machten.

Wieder unterwegs

2001 plante das Bundesministerium für Forschung und Technologie (BMFT), mit einer Delegation nach Korea zu reisen, um die Zusammenarbeit in der Forschung zu stärken, und ich wurde eingeladen, daran teilzunehmen. Nach dem Besuch eines Turbinenherstellers und der Stahlwerke POSCO gab es ein Ausflugsprogramm, das uns auch nach Gyong-Ju führte. Vor dem Bulguksa-Tempel ließ ich mich an genau der Stelle fotografieren, an der ich 1985 mit Ingrid und Christoph gestanden hatte. Es war ein denkwürdiger Augenblick.

Auch wenn ich Christophs Grab fast täglich besuchte und bei vielen Gelegenheiten – besonders beim Golf-spielen – an ihn denken mußte, habe ich nach diesem Aufenthalt in Korea doch wieder neuen Mut zu reisen gefunden.

Das nächste Ziel war Nagoya in Japan im Jahr 2001, wo die „3rd AEPSE" stattfand und ich als Gründungs-vorsitzender anwesend sein sollte. Allmählich begann ich, wieder Boden unter die Füße zu bekommen.

Auch meine Reisen nach Korea, die ich ja eigentlich ein wenig einschränken wollte, nahmen mich weiterhin sehr in Anspruch. Besonders 2003 war für mich ein an-strengendes Jahr. Im Frühjahr mußte ich als Berater zur Hyundai Motor Co. (HMC), dessen Vizepräsident eben-falls in Aachen promoviert hatte. Er sprach noch so gut Deutsch, daß sich Monika mit ihm prächtig unterhal-ten konnte. Anschließend war ich mit dem Projektleiter beim BMFT wieder in Korea, um mit den potentiellen koreanischen Partnern das Verbundprojekt abzustimmen. Und dann fand auf der Insel Jeju, die ja immer eine Reise wert ist, die AEPSE-Tagung statt. Im Herbst mußte ich nochmals zur HMC, womit ich 2003 insgesamt viermal in Korea war. Monika begleitete mich immer auf meinen Reisen nach Korea oder Japan, ohne sie fühlte ich mich sehr unsicher und verloren.

Okpo-Werft mit Dr. Y.-S. Han

Gemeinsam in Korea

Im Jahre 2004 nahm ich Agnes, Heinrich und Monika mit nach Korea. Gern hätte ich mehr Zeit für sie gehabt, aber meine Schwester kümmerte sich wieder sehr um uns. Wir besuchten die Sehenswürdigkeiten in Seoul, Suwon und Gyongju und fuhren dann nach Busan zum Büro der Daewoo Shipbuilding. Ein Hubschrauber brachte uns anschließend zur Okpo-Werft auf der Insel Geoje. Das alles hatte mein früherer Doktorand Dr. Y.-S. Han organisiert, der mittlerweile Leiter des Instituts für Schweißtechnik der Firma war. Zwei Tage blieben wir in Okpo und besichtigten ausgiebig die Werft, die auch Heinrich als Ingenieur sehr interessierte. Anschließend ging es auf eine andere kleine Insel namens Oedo, die ganz aus einem botanischen Garten besteht. Das milde Klima im äußersten Süden Koreas kommt der Vegetation sehr zugute, so daß ich noch nie eine derart hübsche Insel gesehen hatte. Wir waren Dr. Han sehr dankbar, daß er dies alles ermöglicht hatte. Schließlich besuchten wir noch meinen jüngeren Bruder im etwa 30 km entfernten Changwon.

In Suncheon traf ich meinen früheren Doktoranden Dr. H. Ahn, und wir besichtigten in der Nähe eine Teeplantage. Obwohl ich leidenschaftlicher Teetrinker bin, hatte ich dergleichen noch nie gesehen. Über Guwangju ging es weiter nach Suwon, in dessen Nähe Agnes und ihr Mann das Eisenbahnmuseum besuchten. Überhaupt waren die beiden sehr selbständig und unternahmen manches auf eigene Faust.

Da ich noch bei der Hyundai Motor Co. zu tun hatte, flogen die beiden allein nach Deutschland zurück, wobei meine Schwester sie zum Flughafen begleitete und alle Formalitäten erledigte.

Meine Ehrenpromotion – ein stolzer Tag

Ende November 2004 konnte ich meinen linken Arm nur noch unter starken Schmerzen bewegen, und Monika behauptete, es käme vom übermäßigen Golfspiel. Mein Orthopäde behandelte mich mit Spritzen, Salben und verschiedenen Therapien, doch nichts half.

Im Mai 2005 sollte mir von der Staatlichen Universität Suncheon die Ehrendoktorwürde verliehen werden. Zuvor besuchten wir wie üblich meinen Bruder in Masan. Als ich ihm von meinen immer noch andauernden Beschwerden erzählte, schlug er vor, dort einen bekannten Spezialisten für fernöstliche Medizin zu konsultieren. Da ich seit langem schon nur die westliche Medizin als einzig wahre Heilkunst betrachtete, folgte ich meinem Bruder ohne große Hoffnung. Eigentlich wollte ich ihn nur nicht enttäuschen. Der Arzt mußte in meinem komplizierten Fall etwas besonderes anwenden und verbrannte eine Kräuterarznei auf meinem Arm, was mir sehr wehtat. Anschließend setzte er noch Akupunktur-Nadeln und gab mir einige wenige Mittel zum Einnehmen.

Drei Tage später sollte meine Ehrenpromotion stattfinden. Und genau an diesem Tag, als ich morgens meine Hose anziehen wollte, merkte ich, daß ich meinen linken Arm völlig schmerzfrei und locker bewegen konnte. Das fernöstliche Heilverfahren hat mich derart beeindruckt, daß ich von der Zeit an diese Art der Medizin nicht mehr so geringschätzte wie früher.

Über die Ehre, von der Staatlichen Universität Suncheon die Ehrendoktorwürde zu erhalten, habe ich mich sehr gefreut. Ich traf bei der Feier dort einige koreanische Kollegen, die ebenfalls in Deutschland studiert hatten. Anschließend hielt ich einen Vortrag über meine laufende Arbeit, bei dessen Abfassung ich mir sehr viel Mühe gegeben hatte. Er war dann auch einer der besten in meinem Leben.

Abends fand eine nette Feier mit Kollegen und Gästen statt, an dessen Abschluß gegen Mitternacht Professor Park uns bat, ein deutsches Lied zu singen. Da ich solche koreanischen Gepflogenheiten ja kannte, hatte ich mit Monika zu Hause vorher fleißig geübt. Wichtiger bei dieser Sitte ist weniger, überhaupt ein deutsches Lied zu singen, als es mit allen seinen Strophen vorzutragen. Oft singen die Deutschen auf diese Aufforderung hin „Die Lorelei" oder „Am Brunnen vor dem Tore", allerdings meist nur die erste oder allenfalls noch die zweite Stro-

Verleihung der Ehrendoktorwürde der Staatlichen Universität Suncheon, Südkorea

phe, und dann ist Schluß. In einem solche Fall stimmen die Koreaner dann ein und singen voller Inbrunst die noch fehlenden Strophen, was die Deutschen dann oft sehr beschämt.

Also übten wir schon zu Hause alle vier Strophen des Liedes „Kein schöner Land" und wir trugen sie dann auch bravourös dem begeisterten Publikum vor. Einige sangen sogar auf Koreanisch mit.

Professor Park hatte bei Eröffnung des Festes verkündet, daß ich an dem Tag siebzig Jahre alt geworden sei. Das stimmte allerdings nicht ganz, ich feierte an genau dem Tag meinen 69. Geburtstag. Aber die Koreaner rechnen das Alter eines Menschen anders: Bei der Geburt eines Babys ist es schon ein Jahr alt und wird im nächsten Kalenderjahr zwei. Man wird also schnell „älter". Ein Kind, das am 31. Dezember geboren wurde, wäre am nächsten Tag bereits in seinem zweiten Lebensjahr.

AEPSE *Konferenz in China*

2005 fand die AEPSE Konferenz in Quingdao in China statt, und ich nahm drei meiner Mitarbeiter, die Herren Kaestner, Kliemek und Mahrholz mit, um dort ebenfalls Vorträge zu halten. Nach unseren Verpflichtungen wollten wir die Stadt und Umgebung ein wenig kennenlernen. Durch Vermittlung eines koreanischen Bekannten – es gab bei der Konferenz viele Teilnehmer aus Korea, da die Entfernung kaum mehr als 500 km beträgt – konnte ich einen Klavierhersteller besichtigen. Die Präsidentin dieser Firma, die mich zum Abendessen einlud, sowie viele leitende Angestellte waren Koreaner. Ich erfuhr, daß sie früher mit drei Klavierwerken in Südkorea dort der größte Hersteller gewesen sei. Heutzutage gebe es keine einzige derartige Fabrik mehr, berichtete sie, alle seien nach China verlegt worden, da die Löhne dort konkurrenzlos niedrig seien.

Ich war darüber sehr enttäuscht, hatte ich in den 60er Jahren doch versucht, einigen Koreanern Lehrstellen bei den traditionsreichen Braunschweiger Klavierherstellern „Schimmel" und „Grotrian Steinweg" zu vermitteln, damit sich die Klavierindustrie in Korea weiterentwikkeln konnte.

Auf dem Rückweg flogen wir über Korea und hatten dort Gespräche mit den Mitarbeitern der Firma HMC, worüber sich meine Reisebegleiter sehr freuten. Doch waren sie am Ende doch noch mit einer großen Schwierigkeit konfrontiert: Der 15. August nach dem Mondkalender wird in Korea groß gefeiert, alle besuchen ihre Verwandten und ehren die Ahnen. Reiskuchen werden hergestellt, die neue Obsternte versorgt und am Ende der Tisch für die Ahnen gedeckt.

Diese Feierlichkeiten bedeuten aber auch, daß in Korea an diesen Tagen nicht nur die Geschäfte geschlossen sind, sondern zum Teil auch die Hotels. Und so war es auch, als meine drei Mitarbeiter an ihrem Abflugstag frühstücken wollten: Alles war versperrt, und es gab noch nicht einmal Frühstück. So mußten sie mit knurrendem Magen zum Flughafen fahren, wo sie aber ganz sicher dann noch ihr Frühstück bekamen.

Mein 70. Geburtstag und ein Besucher

Im Mai 2006 feierte ich meinen 70. Geburtstag, und als Geschenk hatte sich Monika etwas ganz Tolles einfallen lassen: einen Tandemflug mit Gleitschirm im Zentral-Wallis! Sie war der festen Ansicht, es sei nun Zeit für mich, einmal loszulassen und meine Arbeit und mein bisheriges Leben mit Abstand von oben zu betrachten. Der sehr erfahrene Pilot war ein Bekannter von uns.

Man startet in der Regel von einem hohen Berg aus und landet im Tal. Eigentlich fand ich die Idee von Monika ausgezeichnet, denn man kann während des Fluges von oben Berge, Flüsse und Städte anschauen. Nur hatte ich schon gesehen, wie ein Gleitschirm in kräftigen Drehbewegungen herunterkam, und ich war sehr in Sorge, daß mir während so eines Fluges schwindelig werden könnte, da ich ja immer noch Schwierigkeiten mit meinem Innenohr hatte.

Und eigentlich wurde mir schon allein beim Gedanken an Loslassen und an ein solches Abenteuer schwindelig. Also äußerte ich Monika gegenüber meine Bedenken, worauf sie natürlich sehr enttäuscht war. Da aber alles arrangiert war, machte sie aus der Not eine Tugend und flog an meiner Stelle.

Ich war sehr beeindruckt, als ich sie so durch die Luft schweben und heil landen sah; da wäre ich doch gerne an ihrer Stelle gewesen.

Seit diesem ersten Flug ist Monika völlig süchtig nach dem Gleitschirmfliegen und spricht fast nur noch davon. Inzwischen hat sie die notwendige Ausbildung dafür fast abgeschlossen, und es dauert nicht mehr lange, bis sie allein, ohne Lehrer durch die Welt fliegen wird. Und ich? Werde ich auf der Erde allein Golf spielen, während sie hoch über mir hinwegfliegt? Oder werden wir gemeinsam eine Runde Golf spielen und am nächsten Tag einen ganz, ganz ruhigen Tandemflug gemeinsam machen? Denn ich habe ihr gesagt, wenn sie einmal die Tandem-Ausbildung abgeschlossen hat, dann …

See-Young Lee war nicht nur mein Gymnasialfreund, sondern auch einer meiner engsten Freunde in meiner koreanischen Kirchengemeinde gewesen, wo wir gemeinsam als Kindergottesdiensthelfer tätig waren. Ich hatte ihn zuletzt vor über 30 Jahren gesehen. Nun bekam ich unerwartet eine Nachricht von ihm. Er schrieb mir, daß er mit Frau und Sohn nach Davos reisen und sich anschließend gern mit mir treffen würde. Im August 2007 holten wir ihn in der koreanischen Botschaft in Bern ab, und da er mir mitgeteilt hatte, daß er und seine Frau begeisterte Golfspieler seien und ihre Schläger dabei hätten, reservierten wir Zimmer auf der Riederalp bei Brig, wohin man nur mit einer Seilbahn gelangen konnte. Hier gab es auf über 2000 m Höhe einen 9-Loch-Golfplatz, auf dem wir nach Herzenslust spielen wollten.

Als wir jedoch dort am nächsten Morgen erwachten, war draußen alles weiß – der Schnee lag einen halben Meter hoch. Wir waren alle sehr enttäuscht, daß uns dies im August passieren mußte.

Wir wichen dann zum Golfspielen nach Sierre aus, wo es im Rhone-Tal kein Problem darstellte. Anschließend aßen wir dann in unserer Ferienwohnung Fondue. Auch wenn die Koreaner normalerweise ja keinen Käse mögen, wußte ich doch, daß mein Freund lange als Botschafter in Wien und Paris gelebt hatte. Und ich hatte den Eindruck, daß unseren Gästen das Fondue schmeckte.

Meine Mitarbeiter machen mich stolz!

Als wir im Jahre 1990 das „neue" Haus des neugegründeten Institutes am Bienroder Weg bezogen, war das ehemalige DFLR-Gebäude in schlechtem Zustand und reparaturbedürftig. Und was taten meine Mitarbeiter? Alle gemeinsam machten sie sich daran, das Gebäude zu verschönern.

Wir waren wirklich eine eingeschworene Truppe. Egal welche Probleme auftauchten, ich diskutierte mit ihnen Tag und manchmal auch bis spät in die Nacht so lange, bis wir eine Lösung gefunden hatten! Sie waren, glaube ich, alle stolz, meine Mitarbeiter zu sein, und ich bin heute noch stolz auf sie. Auch privat hatte ich mit vielen von ihnen Kontakt, sie aßen bei mir die koreanische Spezialität *Bulgogi* (Feuerfleisch) oder lernten das Mahjongg-Spiel kennen. Manche werden sich vielleicht noch daran erinnern.

Viele meiner Mitarbeiter habe ich bereits in anderen Zusammenhängen erwähnt, doch möchte ich die Gelegenheit nutzen, sie noch einmal in chronologischer Folge mit ihren Spezialgebieten vorzustellen.

Herr Lachmann war 1976 mein erster Doktorand, ein halbes Jahr später kam Anfang 1977 Herr Kohler von der TH Clausthal-Zellerfeld zu mir. Beide promovierten auf dem Gebiet „Low Cycle Fatigue" (LCF) als logische Fortsetzung meiner Habilitationsarbeit zwei Jahre zuvor. Diese Mitarbeiter haben sehr dazu beigetragen, daß die TU Braunschweig auf dem Gebiet LCF weltweit führend wurde. Herrn Lampe hatte ich ein Thema für seine Diplomarbeit gegeben, das mich selbst enorm interessierte und eminent wichtig war. Ich war froh, als er im Anschluß daran 1979 mein neuer Doktorand wurde, so daß wir gemeinsam auf dem Gebiet „Plasma Diffusion Treatment" forschen und uns schnell etablieren konnten. Damit wurde der Grundstein für meinen späteren Erfolg gelegt. Herr Lampe wirkte auch bei der Gründung des Arbeitskreises „Plasma-Oberflächentechnologie" entscheidend mit und promovierte 1983. Sein Nachfolger wurde Herr Eisenberg, den ich auch persönlich sehr mochte, denn sein Vater war wie meine Frau Ingrid Pfarrer, so daß wir uns auch darüber angeregt unterhalten konnten. Er hat bei mir erstmals eine Untersuchung mit dem Titan-Werkstoff durchgeführt und dazu beigetragen, daß die Knie-Prothese aus Titan-Werkstoff plasmanitriert wurde.

Als Nachfolger für Herrn Eisenberg kam 1989 Herr Gebauer, der ebenso wie Herr Schnatbaum seine Arbeit noch im Institut für Schweißtechnik aufnahm. Herr Schnatbaum erweiterte das Einsatzgebiet der Plasma-Diffusionsbehandlung auf die Sinterwerkstoffe. Seine Arbeit war so hervorragend, daß ich mich freute, seine Ergebnisse auf der Internationalen Tagung in Cleveland, Ohio vorzutragen. Herr Schnatbaum ging später zur

DEGUSSA, um an der praktischen Umsetzung seiner Doktorarbeit zu arbeiten. Wir haben sogar gemeinsam ein Patent angemeldet.

Herrn Gebauers Doktorarbeit erschloß ebenfalls wieder ein ganz neues Gebiet, und er entwickelte dafür eine neue Anlage, die erste in der Geschichte der Oberflächentechnologie. Seine Arbeit hieß „Plasma Chemical Vapour Deposition mit metall-organischen Spendermedien", und er gehörte zu den besonders strebsamen und fleißigen Mitarbeitern in meiner Truppe. Etwas später kam Herr Wöhle zu mir, ein Physiker von der Universität Hannover. Er promovierte auf dem Gebiet der „Analyse von Plasma beim Plasma CVD-Verfahren", was genau das richtige Thema für einen Physiker war. Später übernahm er nebenher auch noch für sechs Jahre die Buchhaltung der Forschungsfinanzierung und sicherte nicht zuletzt damit die Existenz des Instituts.

Habe ich mich bisher vor allem den „Plasma-Kollegen" gewidmet, möchte ich nun noch etwas zu der „LCF-Familie" schreiben, denn wir hatten ja zwei Forschungsbereiche im Institut, die mit der gleichen Energie und Intensität vorangetrieben wurden: „Low Cycle Fatigue" und Plasma-Oberflächentechnik.

Auf Herrn Lachmann und Herrn Kohler, die beide auf dem Gebiet der LCF promovierten, folgten Herr Schmidt und Herr Schubert. Beide haben wie berichtet entscheidende Beiträge zur Gründung des Sonderforschungsbereichs in Braunschweig geleistet. Herr Schubert ist heute Professor an der Fachhochschule Bremen, er hat nach meiner Pensionierung alle LCF-Maschinen übernommen. Herr Schmidt promovierte über Hochtemperatur-LCF, noch heute stehe ich mit ihm in Kontakt. Ein Jahr nach den beiden Herren kam Herr Klingelhöffer, um auf dem Gebiet „LCF von Reaktorwerkstoffen" zu arbeiten. Nach dem Unfall in Tschernobyl bekam er Schwierigkeiten mit der Finanzierung seines Forschungsvorhabens, so daß er es in „LCF in Rauchgasumgebung" modifizieren mußte.

Als wir vom Institut für Schweißtechnik in unser eigenes „Institut für Oberflächentechnik und plasma-technische Werkstoffentwicklung" (IOPW) umzogen, stießen die Herren Wittke und Olfe zu uns. Herr Olfe ist ebenfalls Physiker, daher habe ich ihn damit beauftragt, meine Theorie über „Hochtemperatur-Low Cycle Fatigue" experimentell nachzuweisen und nötigenfalls die Theorie zu modifizieren. Er hat diese Aufgabe hervorragend gelöst. Er war auch in Korea, um den Partner Prof. Kang zu besuchen. Wissenschaftlich sehr begabt war auch Herr Wittke, Gesprächspartner von Professor Hatanaka, der in seiner Doktorarbeit eine neue Theorie entwickelte.

1994 stieß zu unserer reinen Männertruppe die erste Doktorandin, die ein Kollege aus dem Bauingenieurwesen mir empfohlen hatte. Wir haben Frau Pfohl auch heute noch als tüchtig, willensstark und ideenreich und dabei trotzdem sehr charmant in Erinnerung. In kaum zwei Jahren erzielte sie viele vorzeigbare Ergebnisse. Auch nahm ich sie gern zu Tagungen mit, denn sie war sehr selbstbewußt und hatte keine Angst, vor großem Publikum ihren Vortrag zu halten. Nach der zweiten AEPSE-Konferenz in Peking unternahm sie 1999 auf eigene Faust ganz allein eine Rundreise durch Südchina. Zuvor hatte sie zum Entsetzen der sehr um sie besorgten koreanischen Kollegen eine Rucksacktour durch Südkorea gemacht. Ich habe ihren Mut wirklich bewundert.

Etwa zur gleichen Zeit kamen die Herren Menthe und Stucky, die beide auf dem Gebiet der „Plasma-Diffusionsbehandlung" arbeiteten. Während Herr Stucky über das Plasmanitrieren von Titan-Werkstoffen promovierte, war es Herrn Menthe gelungen, das Plasmanitrieren von austenitischen Stählen zu entwickeln. Herr Menthe war auch für die Arbeitskreise „AK-Plasma" und „EJC-PISE" zuständig. Alle diese erfolgreichen Veranstaltungen hat er ganz allein organisiert.

Als Nachfolger von Herrn Wittke promovierte Herr Zimmermann über „Low Cycle Fatigue". Er ist mein letzter „fertiger" Doktorand und arbeitet mittlerweile bei VW.

Dort sind inzwischen viele meiner früheren Mitarbeiter beschäftigt. Auch wenn sie Angebote aus aller Welt erhielten, zogen sie es doch oft vor, in der Umgebung von Braunschweig zu bleiben.

Auf keinen Fall vergessen zu erwähnen darf ich meinen Doktoranden von VW. Auf Bitten des damaligen Chefs der Hauptabteilung „Meßtechnik und Versuchssysteme" nahm ich Herrn Rodriguez 1994 als Doktorand auf. Da er gleichzeitig bei VW beschäftigt war, arbeitete er nur nebenberuflich an seiner Doktorarbeit, die im Rahmen eines Verbundprojektes von VW mit zwei Firmen und dem IOPW in Braunschweig erstellt wurde. Dabei bauten wir gemeinsam mit der Firma Metaplas eine ganz neue Anlage für das „Plasmaborieren", die weltweit die erste ihrer Art war. Herr Rodriguez schloß seine Doktorarbeit bereits nach vier Jahren mit großem Erfolg ab.

Aus Südkorea war 1993 ein Doktorand zu mir gekommen, der uns sehr ans Herz gewachsen ist, Herr Hoon Ahn. Er promovierte auf dem noch ganz neuen Gebiet „Plasma-CVD mit metall-organischen Spendermedien". Vor allem die Anwendung des plasma-diagnostischen Verfahrens unterscheidet seine Arbeit von der von Herrn Gebauer. Privat haben wir ebenfalls manche Zeit auf dem Golfplatz verbracht, denn er war ebenso wie ich von diesem Spiel begeistert. Mit der Zeit wurde er zu meiner rechten Hand.

Natürlich legte ich immer besonderen Wert darauf, daß meine Mitarbeiter die Gelegenheit zu einem Koreabesuch bekamen. Das war nicht schwierig, da es stets einige Verbundprojekte mit koreanischen Partnern gab. Wurde die AEPSE-Tagung in Korea durchgeführt, fuhren natürlich fast alle Mitarbeiter mit, um über unsere Arbeit zu berichten.

Immer wieder kamen auch für kürzere oder längere Zeit koreanische Wissenschaftler zu uns, die durch ihre Beiträge unsere Forschungen bereicherten. Nennen möchte ich vor allem die koreanischen Doktoranden.

Im Institut für Schweißtechnik war ich auch in der schweißtechnischen Forschung stark involviert gewesen, da ich im Bereich LCF auch die Schweißverbindungen prüfte.

Im Jahre 1978 kamen S.-J. Na vom KAIST und B.-Y. Lee von der SNU nach Braunschweig, nachdem Prof. Ruge während seiner Koreareise ein Jahr zuvor diesbezügliche Vereinbarungen getroffen hatte. 1983 begann Y.-S. Han von der Daewoo Motor Co. (DMC) bei mir seine Promotionsarbeit. Es war schön für mich, mit diesen Mitarbeitern über Vorgehensweise und Ergebnisse auf Koreanisch diskutieren zu können.

Y.-S. Han promovierte bereits 1988 mit Erfolg und ist heute Leiter des Instituts für Schweißtechnik bei der Daewoo Shipbuilding Co.

B.-Y. Lee war mit den Problemen des UP-Schweißens beschäftigt. Wie ich bereits beschrieb, war beim KAIST ebenfalls ein Doktorand von mir, den ich von Deutschland aus betreute: C.-J. Yang promovierte auf dem Gebiet der LCF.

Ich danke allen meinen Mitarbeitern für die produktiv-ste, schöpferischste, eindrucksvollste und auch für mich persönlich schönste Phase meines Lebens! Ohne diese Mitarbeiter hätte ich meinen wissenschaftlichen Welter-folg nicht realisieren können. Und dabei erwähnte ich namentlich nur die wissenschaftlichen Mitarbeiter, die ohne unsere Techniker und letztlich auch Sekretärinnen nicht hätten arbeiten können.

2008 – ein neues Leben

Das Jahr 2008 markiert im wahrsten Sinne des Wortes einen Neubeginn, denn am 2. März erblickte mein erstes und bisher einziges Enkelkind das Licht der Welt. Sie heißt Mathilde, und bereits am zweiten Tag ihres Lebens war ich mit Monika in der Nürnberger Klinik, um sie zu sehen. Als ich das Kind auf dem Arm hielt, war ich voll-kommen überwältigt.

Ihren Namen hat sie, weil Herzog Heinrich, der Grün-der von Braunschweig, mit einer Engländerin namens Mathilde verheiratet gewesen war. So gehörte für Agnes zu einem Heinrich einfach eine Mathilde.

Jetzt fahre ich noch häufiger als früher nach Nürnberg, um meine Enkelin zu sehen. Ich habe immer den Ein-druck, daß sie ein Stückchen größer geworden ist, wenn ich sie vier Wochen nicht gesehen habe. Sie tröstet mich, sie vertraut mir, wenn sie auch noch kein Wort spricht. Sie ist der Beginn der neuen Ära. Sie symbolisiert das Leben, das nicht an einer Stelle aufhört, und die Hoff-nung. Wenn ich auch immer noch jeden zweiten Tag das Grab von Ingrid und Christoph besuche, ist mein Besuch nicht nur Trauer. Ich erzähle den beiden, wie Ma-

Mathilde mit ihrem Opa – auch die Eltern sind dabei!

thilde aussieht, wie groß sie geworden ist, was sie macht, bzw. was ich mit ihr gemacht habe. Mathilde ist Anlaß für mich, die Zukunft nicht nur traurig zu betrachten. Gerade mit ihrer Hilfe kann ich mein Leben in Zukunft angehen.

Epilog

Die Höhen und Tiefen, die ich in den letzten 50 Jahren als Fremder im „Goldenen Westen" erlebte, habe ich nun niedergeschrieben, natürlich nicht vollständig. Anfangs war ich voller Hoffnung, ohne Angst und Zweifel und von meinem Erfolg fest überzeugt. Ich hatte das Gefühl, den Engel des Glücks auf meiner Seite zu haben.

Aber dann verlor dieser Engel einen seiner Flügel, eine familiäre Katastrophe folgte der anderen. Ich war vollkommen aus dem Gleichgewicht geworfen, mußte versuchen, wieder Boden unter die Füße zu bekommen.

Bei meinem Sohn Christoph habe ich auch heute noch das Gefühl, nicht genügend für ihn getan zu haben, was mich immer noch traurig und mutlos macht. Alle meine Versuche, mit diesem Schicksalsschlag fertigzuwerden, änderten nichts daran, daß ich mich als Versager fühlte.

Dabei war ich während der letzten 50 Jahre in Deutschland ein Musterknabe gewesen. Stets versuchte ich mich so zu verhalten, wie man es von mir erwartete. Da ich aus Asien kam, hatte man in Deutschland eine bestimmte Vorstellung von mir, und ich wollte die Menschen in meiner Umgebung nicht enttäuschen. Weniger meine eigenen Ansichten als die (angenommenen) Erwartungen der anderen waren Richtschnur meines Verhaltens. So war es mein Bestreben, in Deutschland von allen als fleißiger, freundlicher und respektvoller Mensch akzeptiert zu werden. Damit habe ich mir selber eine Fessel angelegt, und darunter hatte auch meine Familie viel gelitten.

Es war wohl mein Fehler gewesen, das Leben in Deutschland mit dem in meinem früheren Klassenzimmer verwechselt zu haben.

Und nun ist meine erste Enkelin zur Welt gekommen, die hübsche Mathilde. Besonders beeindruckt und nachdenklich gemacht hat mich das Gefühl grenzenlosen Vertrauens, das sie einem vermittelt, wenn man sie auf dem Arm hält. Ihretwegen denke ich nochmals neu über mich und mein Leben nach. Und ich wünsche mir, Mathilde zu begleiten und heranwachsen zu sehen.

Ich sollte weniger zurück als nach vorne blicken, und dabei helfen mir liebe Freunde und Bekannte wie besonders die Familie Rüger, meine Geschwister in der Familie Fuhr und meine Geschwister in der Familie Rie in Korea – und natürlich und vor allem meine liebe Tochter Agnes mit Mathilde und Heinrich und jeden Tag wieder meine Frau Monika.

DANKSAGUNG

Schon seit Jahren haben mich viele frühere Mitarbeiter, Kollegen und Freunde dazu ermuntert, mein Leben aufzuschreiben, weil es ihrer Meinung nach doch sehr einmalig und ungewöhnlich sei. So habe ich versucht, die Geschichte meines Lebens offen und ungeschminkt zu beschreiben. Ich habe viele liebe und wichtige Kontakte nicht genannt. Ich bitte hierfür um Entschuldigung. Es ist nicht etwa, weil Sie nicht wichtig für mich gewesen wären!!

Sollte sich jemand ermuntert fühlen, seine eigene Lebensgeschichte zu durchdenken und vielleicht auch niederzuschreiben, wäre ich darüber sehr froh.

Bei der Fertigstellung wurde ich durch viele Freunde und Bekannte kräftig unterstützt und aufopfernd beraten.
    Ganz besonders möchte ich hervorheben:
    – Frau Cornelia Deil, Drehbuchautorin in Berlin
    – Pfarrer Michael Fuhr in Bad Kreuznach
    – meine Tochter: Frau Dr. Agnes Scholla (Germanistin) in Nürnberg
    Sie haben alle mit Leidenschaft und Akribie mein Manuskript begleitet, korrigiert und mich bei Ergänzungen unterstützt.

Und selbstverständlich mein Verleger Herr Günter Peperkorn, der mit unendlicher Geduld und Sorgfalt das Erscheinen dieses Buches erst möglich gemacht hat!

Es war leider unvermeidlich, einige Fachausdrücke aus der Materialwissenschaft und Physik zu nennen, sie gehörten zu meinem Leben dazu.

Wichtig ist noch, daß in einigen Fällen die Namen von Personen gekürzt oder durch andere Namen ersetzt wurden. Damit sollte sichergestellt werden, daß die Anonymität gewahrt bleibt, wenn dies wünschenswert erschien.

INHALT

Prolog   5

1. Es begann in Korea   7

2. Als Fremder im Goldenen Westen   57

3. Die Suche nach dem Glück?   111

4. Zurück nach Deutschland   127

5. Persönliche Katastrophen   203

6. Aussichtslos?   245

Epilog   268

Danksagung   270